# 硝基苯类化合物高级氧化与生物还原处理技术研究

李海翔　林　华　陆兰晶　著

曾鸿鹄　主审

中国环境出版社·北京

图书在版编目（CIP）数据

硝基苯类化合物高级氧化与生物还原处理技术研究/李海翔，林华，陆兰晶著. —北京：中国环境出版社，2014.6
ISBN 978-7-5111-1929-2

Ⅰ. ①硝… Ⅱ. ①李…②林…③陆… Ⅲ. ①硝基苯—含氮废水—废水处理 Ⅳ. ①X703

中国版本图书馆 CIP 数据核字（2014）第 137938 号

出 版 人 王新程
责任编辑 殷玉婷 曹靖凯
责任校对 唐丽虹
封面设计 金 喆

出版发行 中国环境出版社
（100062 北京市东城区广渠门内大街 16 号）
网 址：http：//www.cesp.com.cn
电子邮箱：bjgl@cesp.com.cn
联系电话：010-67112765（编辑管理部）
010-67187041（学术著作图书出版中心）
发行热线：010-67125803，010-67113405（传真）
印 刷 北京中科印刷有限公司
经 销 各地新华书店
版 次 2014 年 6 月第 1 版
印 次 2014 年 6 月第 1 次印刷
开 本 787×960 1/16
印 张 6.25
字 数 108 千字
定 价 39.00 元

# 前　言

随着工业化和城镇化的飞速发展，合成纤维、塑料、农药、医药等给人类文明带来了新的生机，但随之而来的是有机物对环境污染的日益加剧，以及给人类健康带来的严重威胁。硝基苯类化合物属于一种化工原料，被广泛地应用于医药、化工、燃料等工业。硝基苯类化合物主要包括硝基苯、氯代硝基苯、硝基苯胺、硝基苯酚等。我国是世界上生产和消费硝基苯及氯代硝基苯的大国之一。2006 年我国氯代硝基苯生产能力占全球总产能的 65%左右，2007 年产量占全球总产量的近 70%。硝基苯类化合物作为一类具有稳定化学性质，有毒有害且在环境中难以降解的污染物，对地表水、地下水甚至饮用水都造成严重污染，从而制约了我国经济的可持续发展。硝基苯和氯代硝基苯属于环境中常见的硝基苯类化合物，我国环境保护部和美国国家环境保护局都明确将硝基苯和氯代硝基苯列为优先控制污染物之一。

本书选用硝基苯和对氯硝基苯作为对象，以高级氧化和生物还原为核心处理技术，开展微波-$H_2O_2$氧化硝基苯及氢自养生物还原处理对氯硝基苯的试验研究。本书涉及两方面研究内容：微波-$H_2O_2$体系对水中微量硝基苯的去除效果及其降解过程，并考察不同 $H_2O_2$投加量和硝基苯初始质量浓度、微波功率、水中普遍存在的腐植酸及杂质等对微波-$H_2O_2$体系降解硝基苯的影响；研究氢基质自养微生物还原降解对氯硝基苯的可行性及影响因素，考察氢基质生物膜反应器对于对氯硝基苯的去除机理及效能。通过研究两类不同处理工艺的处理机理及效能，为解决水中硝基苯类化合物处理问题提供技术支持。

本书共分为 7 章。第 1 章主要论述水中硝基苯类化合物的产生及危害、高级氧化技术处理特点及应用、微波催化及生物还原技术处理机理及应用进展。第 2 章论述微波-$H_2O_2$ 体系处理硝基苯的效能，研究了微波功率、$H_2O_2$

投加量及投加方式、硝基苯初始浓度等因素对该体系处理效能的影响，分析微波催化 $H_2O_2$ 处理水中微量硝基苯的可行性。第 3 章论述水中常见物质（腐植酸、重碳酸根和水中的杂质）对微波-$H_2O_2$ 体系氧化降解硝基苯的影响。第 4 章论述微波-$H_2O_2$ 体系中硝基苯的氧化降解产物及其途径，基于气质联用仪的分析，确认了一些氧化中间体的存在，并推导出微波-$H_2O_2$ 体系中硝基苯的降解途径。第 5 章论述氢基质自养微生物对于对氯硝基苯生物还原的可行性及影响因素，研究反硝化性能的氢自养微生物是否具有还原对氯硝基苯的能力，并分析氢气压力、初始底物浓度、硝酸盐浓度、硫酸盐浓度和 pH 的影响。第 6 章论述氢基质生物膜反应器对于对氯硝基苯的去除机理及效能，研究氢基质生物膜反应器中微生物降解对氯硝基苯的还原机理、硝酸盐和硫酸盐影响、氢气可利用定量关系及反应器的处理效能。第 7 章全面总结微波-$H_2O_2$ 氧化和氢自养生物还原两类处理技术对于硝基苯和对氯硝基苯的处理试验结果，两者都具有较好的处理效果。

本书是作者承担的多项相关科研项目的成果总结，研究工作主要在桂林理工大学广西环境污染控制理论与技术重点实验室和同济大学污染控制与资源化研究国家重点实验室完成。参与本书编写工作的有李海翔、林华、陆兰晶和曾鸿鹄，其中前言和第 7 章由曾鸿鹄执笔，第 1 章由林华执笔，第 2 章至第 4 章由陆兰晶执笔，第 5 章和第 6 章由李海翔执笔，全书由李海翔统稿。本书编写工作参考了前人的大量研究成果和资料。另外，作者对支持本书编写工作的桂林理工大学环境科学与工程学院同仁和同济大学夏四清教授表示诚挚的感谢。

由于作者水平有限，书中难免存在不当之处，竭诚欢迎读者批评指正。

本书的出版得到了国家自然科学基金（项目编号 51268008）、教育部“卓越工程师教育培养计划”和广西危险废物处置产业化人才小高地的资助，谨致以衷心的感谢。

作　者

2014 年 4 月

# 目 录

# 第1章　绪　论

## 1.1　水体中有机污染物的现状

水是人类及一切生物赖以生存的必不可少的重要物质，是工农业生产、经济发展和环境改善不可替代的极为宝贵的自然资源。我国的淡水资源总量为 28 000 亿 $m^3$，占全球水资源的 6%，仅次于巴西、俄罗斯和加拿大，名列世界第 4 位。但是，我国的人均水资源量只有 2 300 $m^3$，仅为世界平均水平的 1/4，是全球人均水资源最贫乏的国家之一。然而，中国又是世界上用水量最多的国家。据预测，2010 年全国总供水量为 6 200 亿～6 500 亿 $m^3$，相应的总需水量将达 7 300 亿 $m^3$，供需缺口近 1 000 亿 $m^3$。全国约有 670 个城市中，一半以上存在不同程度的缺水现象，其中严重缺水的有 110 多个，月缺水量近 1 600 万 t，每年因缺水造成的直接损失达 2 000 亿元[1]。

我国城市水环境受到不同程度的污染，大部分地区的城市地表供水水源有不断恶化的趋势。全国 75%的湖泊出现了不同程度的富营养化，尤其以巢湖、滇池、太湖为重。根据环境保护部 2010 年发布的《中国环境状况公报》显示，全国地表水污染依然较重。长江、黄河、珠江、松花江、淮河、海河和辽河等七大水系总体为轻度污染。在 204 条河流 409 个国控断面中，Ⅰ～Ⅲ类、Ⅳ～Ⅴ类和劣Ⅴ类水质的断面比例分别为 59.9%、23.7%和 16.4%。长江、珠江总体水质良好，松花江、淮河为轻度污染，黄河、辽河为中度污染，海河为重度污染。湖泊（水库）富营养化问题依然突出，在监测营养状态的 26 个湖泊（水库）中，富营养化状态的占 42.3%，水质型缺水成为我国建设发展的“瓶颈”[2]。我国城乡供水有 20%达不到饮用水卫生标准，并在近 10 年间饮用水源地水质呈逐步恶化的趋势[3]。部分城市的饮用水安全受到威胁，而农村饮用水水质问题也令人担忧，其合格率仅有62%，目前尚有3.6亿农村人口喝不上合格标准的饮用水[4]。

随着工业化和城镇化的飞速发展，有机物的种类和产量与日俱增。这些工业有机物如合成纤维、塑料、农药、医药等给人类文明带来了新的生机，但随之而来的是有机物对环境污染的日益加剧，以及给人类健康带来的严重威胁。水中有机物根据其来源可大致分为3类：一类为天然有机物，如腐植酸；一类为水处理过程中产生的有机污染物，如消毒副产物三卤甲烷和卤乙酸等；一类是工业废水和生活污水排放带来的有机污染物，如合成类固醇类、烷基酚类和双酚化合物类等。后一类是天然水体中有机污染物的主要来源之一[5]。据统计，目前已知有机物达400多万种，其中人工合成的占10万多种，并以每年至少1 000种的合成速度增加[6]。这些有机物在生产使用过程中以各种途径流失到环境中，造成对大气、土壤和水体的污染。地表水中主要的污染物质是有机物。在我国，全国有2/3的河流受到有机污染物的污染，86%的城市河段水质污染超标[7-9]。以松花江哈尔滨江段为例，可检出的有机物达246种，其中芳香烃58种，多环芳烃15种，其中多种是美国国家环境保护局（USEPA）所列优先控制污染物[10]。

水中存在着种类繁多的人工合成有机物，它们通过废水排放、渗漏及突发事故等途径进入天然水体，对农业灌溉和人民生产生活构成了极大的威胁[11]。人工合成有机物是工业废水中的毒性和污染危害最严重的一类污染物，目前我国地表水中已检出的有765种，其中117种为致癌或可疑致癌物质[12-13]。许多人工合成有机物难生物降解，在自然界中存在时间长，易在生物体内滞留，从而导致致癌、致畸、致突变效应、生态食物链毒理学效应及环境雌性化效应等（表1-1）[14-20]。

现有水厂传统净水工艺由混凝、沉淀（澄清）、过滤和加氯消毒组成，其主要功能是去除原水中的悬浮物、胶体性成分和细菌。随着工业化的快速发展，许多水体都遭受到不同程度的污染，特别是有机物的污染问题日益突出。但常规工艺对水中有机物的去除能力非常有限，对水中DOC的去除率一般小于30%，可生物降解有机物（BDOC与AOC）的去除率不稳定且波动较大，受水源水质、水温影响大；对持久性难降解有机物的处理效果更为有限，如对硝基苯基本上无去除作用，混凝沉淀对硝基苯的去除率仅在2%～5%，同时增大混凝剂的投加量对硝基苯的去除无改善作用[15-17]。

1989年，原国家环境保护局制定的“中国水体中优先控制污染物黑名单”中，14类68种有毒化学污染物，其中有机物58种，占85.3%。自2001年1月1日起开始执行的地面水质量标准中，对Ⅰ、Ⅱ、Ⅲ类水体新增特定有毒有机污染物40

种的监测标准。在我国新实施的《生活饮用水卫生标准》（GB 5749—2006）中，毒理指标中有机化合物由原来的 5 项增至 54 项。这些国家标准的实施对提高供水水质，保障居民生活生产和饮水安全具有重要意义，同时对水污染治理和给水处理工艺提出了更高的要求。随着水源污染的加剧和水质标准的提高，如何有效治理水中难降解有机物的污染问题，已成为我国水环境工作面临的一个严峻的问题。

表 1-1　难降解的人工合成有机物种类及危害

| 难降解的人工合成有机物 | 危害 |
| --- | --- |
| 多环芳烃类（PAHs） | 性质稳定，致癌性强 |
| 杂环类化合物 | 性质稳定，生物富集，具有致突变、致癌作用 |
| 有机氰化物 | 剧毒物质 |
| 合成洗涤剂 | 因发泡影响生物处理效果，对 PAHs 有增溶作用 |
| 多氯联苯（PCBs） | 通过食物链进入人体，产生急性中毒和致癌作用 |
| 增塑剂 | 稳定性强，对人体中枢神经具有抑制作用 |
| 酚类化合物 | 急性中毒，易引起神经系统病症 |
| 合成染料 | 色度高，有毒性且致癌 |
| 合成农药 | 对人具有毒性及致癌作用 |

## 1.2　硝基苯类化合物的产生及危害

水中微量有机污染物对人体危害大，且难以去除，特别是高稳定性的溶解性有机污染物，如卤代有机物、硝基化合物、多环芳烃等。硝基苯类化合物作为重要的化工原料，被广泛地应用于医药、化工、燃料等工业。此类化合物对人体及微生物的毒性极大，化学性质稳定，苯环容易发生亲电取代，但不易发生氧化反应。

硝基苯作为生产苯胺、对二氨基联苯和多种染料的中间体，是应用广泛的化工基础原料。硝基苯常存在于化工废水中，它们直接或间接地通过供水系统或植物吸附方式进入食物链。已有研究证实，由于硝基苯中硝基（$—NO_2$）的吸电子性，苯环上的电子云密度下降，使氧化酶的亲电子攻击受阻，生物分解速率较慢，容易在生物体内富集。同时，硝基苯对人体也有毒性，可引起高铁血红蛋白血症、缺氧、肝毒性、点状皮下出血和神经中毒[18]。USEPA 明确将硝基苯列为优先控制污染物，我国也确定其为 58 种优先控制的有毒化学品之一。2005 年“松花江污染事件”后对水中微量硝基苯的处理受到关注。城市自来水厂的常规处理工艺对硝基苯基本上无去除作用，混凝沉淀对硝基苯的去除率仅在 2%～5%，且增大混凝剂的投加量对硝基苯的去除无改善作用。

氯代硝基苯是一类含氯含硝基芳香族化合物，广泛用作医药、染料和农药生产的中间体，因其难降解、有毒，且具有“三致”效应而备受关注。我国是世界上邻氯硝基苯、对氯硝基苯产量和消费最多的国家之一，2006 年我国氯代硝基苯生产能力占全球总产能的 65%左右，2007 年产量占全球总产能的近 70%[19]。我国自来水多采用氯消毒，氯代硝基苯也是被检测到的氯化消毒副产物之一[20]。欧盟早已宣布氯代硝基苯是一种特别有害的化合物且在环境中难以降解，能引起哺乳动物和人的高铁血红蛋白症且具有致癌作用[21-23]。我国对饮用水中的对氯硝基苯的浓度也有严格的规定，即饮用水水源地中的浓度低于 0.05 mg/L。

## 1.3 高级氧化技术在处理有机废水中的应用

数十年来，国内外研究机构在有机物去除问题上做了大量的工作，探索了许多去除水中硝基苯类化合物的材料和方法，其中一些已经在推广应用并不断完善。这些技术主要有活性炭吸附、膜过滤、光催化氧化、萃取、电化学法、Fenton 试剂法、超声波氧化法和臭氧氧化等。这些技术用于控制饮用水污染和提高饮用水水质及安全性发挥了较好的作用。但现有技术也存在一定的局限性，如活性炭的再生与更换费用高，膜过滤中的膜污染问题，光催化设备成本较高，臭氧生产成本高及臭氧氧化副产物等问题[24-26]。高级氧化技术因其可高效、环境友好的去除难降解有机污染物的方法，目前已成为国际上十分关注的前沿研究领域。

### 1.3.1 高级氧化技术概述

高级氧化技术（advanced oxidation technology）是近 25 年来环境领域新发展的一组技术，主要采用以羟基自由基（·OH，hydroxyl free radical）为核心的强氧化剂，快速、无选择性、彻底氧化环境中的各种有机与无机污染物。1987 年，Glaze 等[27]将高级氧化过程（advanced oxidation process，AOPs）定义为“能产生足够量·OH 净化水质”的过程。现有的可激发产生·OH 的技术，如臭氧氧化及其组合工艺、光催化氧化、Fenton 体系氧化等，这些都属于高级氧化技术。

·OH 在高级氧化过程中起主要的控制作用，几乎无选择性地与废水中的任何有机污染物反应，彻底氧化污染物为 $CO_2$、$H_2O$ 或矿物盐。该技术具有处理效率高、很少有二次污染等特点，故在处理有机废水方面具有较大的发展前景。

## 1.3.2 羟基自由基与有机物的反应机理

·OH 是一种很强的氧化剂，其标准电极电位为 2.80eV，氧化能力仅次于 F。它是目前水处理中使用的最强的氧化剂，其氧化能力明显高于普通氧化剂，见表 1-2[28]。

表 1-2 ·OH 与常用氧化剂的标准电极电位

| 氧化剂 | 还原半反应 | 标准电极电位 E°/V |
|---|---|---|
| $F_2$ | $F_2+2H^++2e^-\rightarrow 2HF$ | 3.06 |
| ·OH | $\cdot OH+H^++e^-\rightarrow H_2O$ | 2.80 |
| $O_3$ | | |
| 酸性 | $O_3+2H^++2e^-\rightarrow O_2+H_2O$ | 2.07 |
| 碱性 | $O_3+2H_2O+2e^-\rightarrow O_2+2OH^-$ | 1.24 |
| $H_2O_2$ | | |
| 酸性 | $H_2O_2+2H^++2e^-\rightarrow 2H_2O$ | 1.78 |
| 碱性 | $HO_2^-+H_2O+2e^-\rightarrow 3OH^-$ | 0.85 |
| $ClO_2$ | $ClO_2+2H_2O+5e^-\rightarrow Cl^-+4OH^-$ | 1.71 |
| $MnO_4^-$ | | |
| 酸性 | $MnO_4^-+4H^++3e^-\rightarrow MnO_2+2H_2O$ | 1.68 |
| | $MnO_4^-+8H^++5e^-\rightarrow Mn^{2+}+4H_2O$ | 1.49 |
| 碱性 | $MnO_4^-+2H_2O+3e^-\rightarrow MnO_2+4OH^-$ | 0.58 |
| $Cl_2$ | | |
| 酸性 | $Cl_2+2e^-\rightarrow 2Cl^-$ | 1.36 |
| | $HOCl+H^++2e^-\rightarrow Cl^-+H_2O$ | 1.49 |
| 碱性 | $OCl^-+H_2O+2e^-\rightarrow Cl^-+2OH^-$ | 0.90 |
| $O_2$ | | |
| 酸性 | $O_2+4H^++4e^-\rightarrow 2H_2O$ | 1.23 |
| 碱性 | $O_2+2H_2O+4e^-\rightarrow 4OH^-$ | 0.40 |

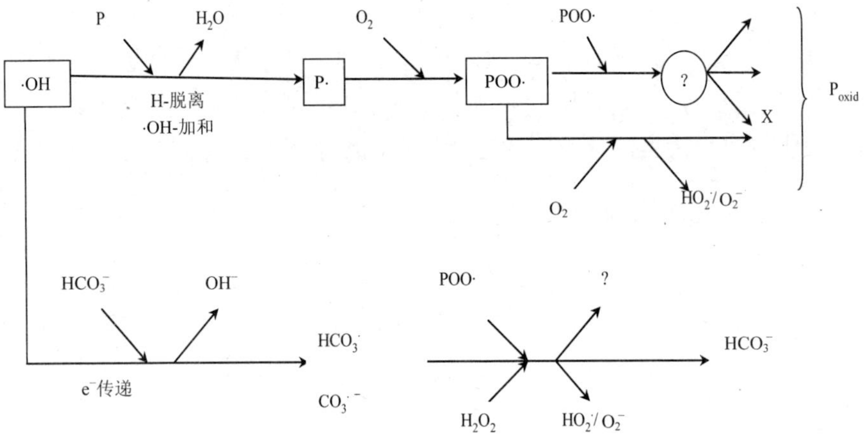


图 1-1　羟基自由基基本反应途径

高级氧化技术反应机理的一般特征是有机物与高级氧化技术体系中产生的·OH 反应生成有机自由基，有机自由基与氧分子碰撞生成过氧化物自由基，这些有机自由基进一步发生分解，或与其他自由基反应生成一系列中间产物或最终被矿化为 $CO_2$、$H_2O$ 和无机盐。作用机理包括 3 个基本的反应途径，即羟基加成、脱氢反应、羟基的电子转移，如图 1-1 所示。在与有机污染物发生反应中，以哪个反应途径为主，取决于自由基与之反应的物质。

羟基加成反应，即·OH 可与自由基、脂肪族、芳香族化合物或含 C=C 重键的化合物发生加成反应，形成一种自由基产物。例如，·OH 与含 C=C 重键的化合物的反应：

$$\cdot OH + R_1C{=}CR_2 \rightarrow R_1(HO)C{-}CR_2 \qquad (1\text{-}1)$$

式中，R 为有机物高能团。

脱氢反应，即·OH 打断 C—H 键，夺取一个 H 而形成水分子。例如，·OH 与饱和烃的反应：

$$\cdot OH + RH \rightarrow H_2O + R\cdot \rightarrow \text{进一步氧化} \qquad (1\text{-}2)$$

·OH 的电子转移反应，即·OH 从易于氧化的无机离子得到一个电子形成 $OH^-$：

$$\cdot OH + CO_3^{2-} \rightarrow OH^- + CO_3^- \qquad (1\text{-}3)$$

与普通化学氧化法相比，高级氧化技术的反应速率很快。表 1-3 为主要有机污染物与·OH 的反应速率常数[28]。

表 1-3 有机污染物与 ·OH 的反应速率常数

| 有机物 | 反应速率常数/[(mol/L)$^{-1}$ · s$^{-1}$] | 有机物 | 反应速率常数/[(mol/L)$^{-1}$ · s$^{-1}$] |
|---|---|---|---|
| 二溴甲烷 | $(9.0\pm3.0)\times10^{7}$ | 甲氧氯 | $2.0\times10^{10}$ |
| 二氯甲烷 | $(9.9\pm0.2)\times10^{7}$ | 六氯环戊二烯 | $(8.8\pm3.7)\times10^{8}$ |
| 三氯甲烷 | $(5.0\pm0.3)\times10^{7}$ | 林丹 | $(5.8\pm1.9)\times10^{8}$ |
| 三溴甲烷 | $(1.3\pm0.6)\times10^{8}$ | 异狄氏剂 | $(2.7\pm0.7)\times10^{8}$ |
| 四氯化碳 | $<2.0\times10^{6}$ | 氯丹 | $8.0\times10^{9}$ |
| 1,1,2-三氯乙烷 | $(1.3\pm0.4)\times10^{8}$ | 毒杀芬 | $8.0\times10^{8}$ |
| 1,2-二氯丙烷 | $(3.8\pm1.9)\times10^{8}$ | 莠去津 | $(2.6\pm0.4)\times10^{9}$ |
| 1,2-二溴-3-氯丙烷 | $(3.2\pm0.4)\times10^{8}$ | 西马津 | $(2.8\pm0.2)\times10^{9}$ |
| 环氧氯丙烷 | $2.9\times10^{8}$ | 草不绿 | $7.0\times10^{9}$ |
| 2-溴乙醇 | $(3.5\pm2.3)\times10^{8}$ | 虫螨威 | $7.0\times10^{9}$ |
| 已二酸乙酯 | $(3.0\pm0.8)\times10^{9}$ | 五氯苯酚 | $4.0\times10^{9}$ |
| 邻苯二甲酸二甲酯 | $4.0\times10^{9}$ | 毒莠定 | $(3.3\pm0.3)\times10^{9}$ |
| 邻苯二甲酸二乙酯 | $4.0\times10^{9}$ | 涕灭威 | $(8.1\pm1.1)\times10^{9}$ |
| 1,2,4-三氯苯 | $4.0\times10^{9}$ | 芳草枯 | $(7.3\pm0.3)\times10^{8}$ |
| 1,2,3-三氯苯 | $4.0\times10^{9}$ | 草甘膦 | $(1.8\pm0.5)\times10^{8}$ |
| *p*-氯苯 | $4.0\times10^{9}$ | 杀草快 | $(8.0\pm1.8)\times10^{9}$ |
| *m*-氯苯 | $5.5\times10^{9}$ | 2,4-D | $5.0\times10^{9}$ |
| *o*-氯苯 | $4.0\times10^{9}$ | PCB | $(4.3\sim8)\times10^{9}$ |
| 1,1,1-三氯-2-甲基-2-丙醇 | $(2.7\pm0.5)\times10^{8}$ | 2,3,7,8-四氯二苯并对二噁英 | $4.0\times10^{9}$ |

### 1.3.3 高级氧化技术的特点

（1）强氧化性

·OH 是最具有活性的氧化剂，其氧化能力明显高于普通氧化剂，几乎能与水中所有有机物反应。

（2）快速反应

在高级氧化工艺中，·OH 自由基为广谱氧化剂，没有选择性，对各种有机污染物的反应速率常数相差不大，可实现多种污染物的同步去除。

（3）降低 TOC 和 DOC

普通化学氧化因氧化进行得不彻底，不能达到降低 TOC 和 DOC 的效果，如腐殖质经单纯臭氧氧化后，TOC 或者减少，或者不改变。高级氧化工艺可实现有机污染物的完全矿化。在反应过程中，• OH 可同中间产物继续反应，直至最后被完全氧化成 $CO_2$ 和 $H_2O$，从而达到彻底去除 TOC 和 DOC 的目的。

（4）提高可生物降解性

在高级氧化工艺中，自由基对水中有机物有强烈的破坏、分解作用，特别易于攻击不饱和键，使难降解有机物变为易降解的小分子物质，从而可提高其废水的可生物降解性。如 $H_2O_2$-UV、$O_3$-$H_2O_2$、γ-$O_3$ 辐射要比单用臭氧更能有效地提高有机污染物的可生物降解性。

（5）减少消毒副产物三卤甲烷和溴酸盐的生成

采用高级氧化工艺，如 $O_3$-UV 和 $O_3$-$H_2O_2$，可更有效地减少三卤甲烷的生成。•OH 既可实现三卤甲烷前体物质的彻底氧化，也可消除水中存在的三卤甲烷。此外，高级氧化技术也是限制形成溴酸盐的一种有效措施。由于 • OH 自由基消耗了臭氧，或者其与 $H_2O_2$ 联用时，形成 $Br^-$ 而使次溴酸或次溴酸盐的产量减少。因此可通过提高 $H_2O_2$-$O_3$ 的比值以减少溴酸盐的形成。

### 1.3.4 高级氧化技术在水中有机污染治理中的应用

高级氧化技术对水中难降解有机污染物的处理方法主要集中在 $O_3$-$H_2O_2$、UV-$O_3$、UV-$H_2O_2$、UV-$TiO_2$、Fenton 法和臭氧活性炭工艺。

#### 1.3.4.1 $O_3$-$H_2O_2$ 氧化法

$O_3$-$H_2O_2$ 系统是高级氧化技术中最为有效的一种处理水中低浓度有机物的方法，且不产生二次污染问题。在臭氧水溶液中加入 $H_2O_2$，会显著加快臭氧分解产生 • OH，有机污染物在 $O_3$-$H_2O_2$ 中的降解速率比单一氧化过程快 2～200 倍[29]。

有研究者用 $O_3$-$H_2O_2$ 氧化技术处理被汽油中的甲基叔丁基醚污染的地表水及地下水[30]。甲基叔丁基醚作为一种汽油添加剂，在过去的 20 年中使用广泛，且在水中的溶解度很大，在地表及地下水中易于转移，结果造成了美国及加拿大地下水的污染，受污染的水检测出的甲基叔丁基醚浓度高达 2.0 mg/L。传统的处理方法效率低，气提法处理困难，当甲基叔丁基醚的去除率达 95%时，气水比大于 200。同时，甲基叔丁基醚与粒状活性炭亲和力低，处理效果差，成本高；用天然分离的或特殊菌株在好养条件下进行生物处理时，细菌生长缓慢，生物量的产率低。而用 $O_3$-$H_2O_2$ 高级氧化法处理受甲基叔丁基醚污染的水，经济高效；其氧化受·OH 自由基控制，甲基叔丁基醚在两相中的降解遵循拟一级动力学反应。用 $O_3$-$H_2O_2$ 高级氧化技术处理受汽油污染的地下水，与 UV-$H_2O_2$ 技术相比，更为有效，成本更低。

刘晓艳等[31]研究 $O_3$-$H_2O_2$ 预氧化系统处理汉江水去除水中微量有机污染物，其结果表明，$O_3$-$H_2O_2$ 系统能很好地去除有机污染物，同时能起到强化混凝的效果，从而减少后续过滤的负荷。胡勤海等人[32]利用 $O_3$-$H_2O_2$ 降解甲基叔丁基醚的试验结果表明，当甲基叔丁基醚初始浓度为 10 mg/L 时，气体流量为 0.5 L/min，$H_2O_2$ 投加量为 2.4 mg/L，常温反应 30 min 后，去除率可达 75.5%。

#### 1.3.4.2 紫外光催化法

紫外光催化技术始于 20 世纪 70 年代，是一种在可见光或紫外光作用下进行的光化学氧化过程，主要应用于水污染治理方面，以解决有毒有害且无法生物降解物质的处理问题。常见工艺包括 UV-$O_3$、UV-$H_2O_2$ 和 UV-Fenton 等。

UV-$O_3$ 工艺因紫外光的照射会加速臭氧的分解，从而提高·OH 的产率，使水处理效率提高。Glaze[27]曾指出，当紫外线与臭氧协同作用时，存在额外的高能量输入，当紫外线光波长为 180～400 nm 时，能提供 300～648 kJ/mol 的能量，足够从臭氧中产生更多的氧化自由基，同时能从反应物和一系列中间产物中活化物质和自由基。钱正刚等[33]采用 UV-$O_3$ 两相鼓泡塔反应器对饮用水中微量有机污染物的去除进行了中试研究，结果表明该系统对有机物的去除具有较高的处理效果，经处理后的出水有机物种类大幅度减少。水力停留时间达 120 min 时，$UV_{254}$ 去除率可达 100%，出水水质明显改善。

崔婧等[34]采用 UV-$H_2O_2$ 氧化工艺去除饮用水中的内分泌干扰物阿特拉津的研究结果表明，该工艺对阿特拉津有很好的去除效果，其降解过程符合一级反应动力学模型。在初始浓度为 102 μg/L，$H_2O_2$ 投加量为 20 mg/L，光强为 850 $\mu W/cm^2$，反应时间为 20 min 后，阿特拉津的去除率达 96.6%。伍海辉等[35]采用 UV-$H_2O_2$ 工艺去除饮用水中二氯乙酸的试验同样获得较好的处理效果。在光强为 1 048 $\mu W/cm^2$、$H_2O_2$ 投加量为 60 mg/L、二氯乙酸初始浓度为 100 μg/L 的条件下，反应 180 min 后，二氯乙酸的去除率高于 90%。

#### 1.3.4.3 半导体光催化氧化技术

光催化氧化技术是利用催化剂来加快反应，提高产率和能量利用效率，其中最重要的催化剂是半导体催化剂。自 1976 年 Carey 等首先采用 $TiO_2$ 光催化降解联苯和氯代联苯以来，光催化氧化技术研究热点就转移到了以纳米 $TiO_2$ 等半导体为催化剂的光催化氧化降解有机污染物这一方向上来。$TiO_2$ 的禁带宽度为 3.2 eV，当它吸收了波长小于或等于 387.5 nm 的光子后，价带中的电子就会被激发到导带并在价带上产生相应的空穴。在电场的作用下，电子与空穴发生分离并迁移到粒子表面的不同位置，可以将吸附在 $TiO_2$ 表面的 $OH^-$ 和 $H_2O$ 氧化成 •OH，•OH 几乎能氧化所有有机污染物，并将其最终降解为 $CO_2$ 和 $H_2O$ 等无害物质。•OH 对反应物几乎无选择性，因而其浓度的高低在光催化氧化中起着决定性作用。

$TiO_2$ 光催化降解技术在常温常压下进行，对反应设备要求不高，同时 $TiO_2$ 无毒、价廉、资源充足和性能优越等，使 $TiO_2$ 占据着光催化领域的主导地位。目前，光催化氧化技术更多地用于传统物化和生化技术难以处理的工业废水中，其中研究得最多的是染料废水的处理。大量研究表明，光催化氧化技术对于废水具有很强的降解能力，染料废水、表面活性剂、农药废水、含油废水、氰化物、制药废水、芳香族废水等都能通过光催化氧化技术来处理，其中污染物可以转换成无机或有机小分子。

刘香玲等[36]采用 UV-$TiO_2$ 降解有机氯酚类化合物的研究表明，在紫外光（330～380 nm）照射下，以 P25 纳米 $TiO_2$ 为催化剂，对邻氯苯酚（OCP）、对氯苯酚（PCP）和 2,4-二氯苯酚（DCP）分别在 pH=6.0、4.2、5.0 的条件下，其矿化率达到 100%所需时间分别为 240 min、270 min 和 160 min。OCP、PCP 及 DCP 降解速率常数分别为 0.004 54、0.003 64 及 0.005 03。

常江等[37]研究了几种典型硝基取代酚在 UV-$TiO_2$ 悬浮体系下的光催化降解，研究结果表明，各硝基酚反应浓度随时间的下降符合 Langmuir-Hinshewood 动力学方程（系数 $R^2$ 为 0.944～0.991），其表观速率常数由大到小呈现为：2-氨基-4 硝基酚（2-A，4-NP）、4-硝基酚（4-NP）、2-硝基酚（2-NP）、3-硝基酚（3-NP）、2,4-二硝基酚（2,4-DNP）、2,4,6-三硝基酚（2,4,6-TNP），且吸附平衡常数随着表观速率常数的加快呈现递减趋势。苯环上取代基的种类和数目对有机物光催化降解活性有很大的影响，硝基的加入降低了光催化活性。

$TiO_2$ 光催化氧化技术在彻底降解水中有机污染物以及利用太阳能节约能源、

维持生态平衡、实现可持续发展等方面有着突出的优点，特别是当水中有机污染物浓度很高或用其他技术很难降解时，有着更明显的优势。最近高效率光催化剂、光电结合的催化方法以及太阳能研究和应用技术的进步，使得光催化氧化技术在水净化领域有着良好的市场前景和社会经济效益。

#### 1.3.4.4 Fenton 法及类 Fenton 法

Fenton 法是高级氧化技术的一种，Fenton 试剂中的 $Fe^{2+}$ 作为同质催化剂，而 $H_2O_2$ 具有强烈的氧化能力。该法特别适用于处理高浓度、难降解、毒性大的有机废水。1964 年 Eisenharers 首先使用 Fenton 试剂处理苯酚及烷基苯废水，开创了 Fenton 试剂应用于工业废水处理领域的先例。后来人们发现这种混合体系所表现出的强氧化性是因为 $Fe^{2+}$ 的存在有利于 $H_2O_2$ 分解产生出·OH 的缘故，为进一步增强对有机物的去除效果，以标准 Fenton 试剂为基础，能够改变和耦合反应条件，可以得到一系列机理相似的类 Fenton 试剂。

毛艳萍等[38]研究 X-3B 染料的 Fenton 氧化降解路径，发现染料分子首先在—N=N—C 靠近萘环的 C—N 和 C—NH 两处断裂，产生 3 种中间产物：邻羟基重氮苯内盐、奈醌和 4-6 二氯-1,3,5-三嗪-2-氨。邻羟基重氮苯内盐释放出 $N_2$，即偶氮基团的氮原子转化为 $N_2$，而其他氮原子被氧化为 $NO_3^-$。染料中的 C、H、S 和 Cl 原子分别矿化为 $CO_2$、$H_2O$、$SO_4^{2-}$ 和 $Cl^-$，但仍有部分有机碳存在于难被·OH 氧化降解的草酸-$Fe^{3+}$ 络合物中。

Fenton 法与其他高级氧化技术相比较，具有反应速度快、操作简单等特点，但不同的 Fenton 法之间也存在不同的缺陷。如普通 Fenton 法的有机物矿化程度不高，运行时消耗太多的 $H_2O_2$ 从而提高了处理成本，所以在工程实践中应用性不强。现在采用得较多的方法是将紫外光引入，从而提高了·OH 的产量和有机物的矿化程度，但是该方法也存在缺陷，如光量子效率低和自动产生 $H_2O_2$ 不完善等。

目前，通过电化学方法来作为 Fenton 试剂的持续来源越来越受到学者们的重视，电-Fenton 法已越来越成为 Fenton 法发展的趋势。袁松虎等[39]采用电极氧化溶解提供 $Fe^{2+}$、$H_2O_2$ 由外部加入且铁炭作填充材料的电解槽进行了含盐、酚废水的处理研究，实验发现加热电解槽可提高系统的去除效率，此时相当于高温高压下的 Fenton 试剂，在电压 5 V、电流密度 6～9 mA/cm$^2$、投加的 $H_2O_2$ 满足 $n(H_2O_2)$：$n$（苯酚）＞0.06 的条件下，苯酚质量浓度为 200 mg/L 的溶液经处理后，酚的去除率＞98%，COD 去除率＞70%；研究结果还表明该法电能消耗低，是一种适合于含盐有机废水处理的新方法。

#### 1.3.4.5 臭氧-活性炭氧化法

活性炭对臭氧氧化的影响机理，研究者们做了一些探索。研究证实，颗粒活性炭的表面功能团激发了臭氧分解的链式反应以促使臭氧氧化水中的有机化合物。臭氧可能进攻颗粒活性炭（碱性基面电子）表面的吡咯官能团，这种官能团能作为 Lewis 碱产生 N-O 类官能团及二氧化氢自由基（$HO_2\cdot$）。因为颗粒活性炭表面存在的吡咯官能团增加了它的基面上的电子密度，系统中的 $O_2\cdot$（超氧自由基）浓度也会增加。电子从自由基转移到 $O_3$ 会生成作为中间产物的 $O_3\cdot$（臭氧自由基），然后再生成·OH 自由基，自由基随后又会和溶液中大部分的目标化合物快速地发生反应。颗粒活性炭催化臭氧的总反应为：

$$O_3+C_\pi+3H_2O+2e^-\rightarrow C_\pi\text{-}H_3O^++O_2+3OH^- \tag{1-4}$$

在每升含有臭氧的水中悬浮几毫克的活性炭或炭黑，在水相中会引发链反应，并加速臭氧转化为·OH，由此导致了类似于 $O_3$-$H_2O_2$ 或 $O_3$-UV 的高级氧化过程[40]。有活性炭存在时，臭氧转化为·OH 的化学计量产率较高[41]。张彭义等[42]选择与臭氧有不同反应速率的有机物苯甲酸、对氯苯甲酸、乙酸钠为模型化合物，研究活性炭对不同种类有机物臭氧氧化的协同作用。结果表明，活性炭均能提高这 3 种有机物的臭氧化降解速率，但活性炭的协同作用与有机物种类有关，协同作用影响大小呈现如下：乙酸钠＞苯甲酸＞对氯苯甲酸。其中，乙酸钠的相对速率提高最大，是单独臭氧化速率的 5 倍。

曲险峰等[43]研究了活性炭纤维存在下苯酚的臭氧化降解，以及臭氧过程对炭表面的影响。研究结果表明，活性炭纤维的加入，显著提高了臭氧氧化对苯酚的降解效率和矿化程度。在苯酚初始浓度为 100 mg/L，臭氧化空气流量为 0.1 $m^3$/h，活性炭纤维投加量为 1 g 时，反应 10 min 后苯酚和 COD 去除率分别为 96.8%和 88.4%。同时臭氧化后的活性炭纤维表面含氧官能团、比表面积都发生了变化，羧基、羟基增多，表面更亲水；比表面积增加且主要集中在微孔。

岳勇等[44]研究利用臭氧-活性炭工艺处理石油类污染物轻度污染的地下水，结果表明，单独臭氧氧化和单独使用活性炭吸附对石油类污染物和高锰酸盐指数的去除效果非常有限。臭氧-活性炭工艺在最佳工况下，臭氧投加量为 2 mg/L，反应时间为 10 min，按活性炭和污染水 1∶5 的质量比投加活性炭，可使出水中的石油类污染物从进水的 1.97 mg/L 降到 0.26 mg/L，达到国家饮用水水质标准（GB 5749—2006）0.3 mg/L 以下。得出臭氧-活性炭工艺是处理石油类污染物轻度污染地下水的有效方法之结论。

## 1.4 微波催化机理、应用及进展

1986 年，Giguere 等发现利用微波辐射 4-氰基苯氧离子与氰苄的 $SN_2$ 亲核取代反应可使反应速率提高 1 240 倍，并且产率也有相应的提高。此后利用微波控制和加速化学反应受到人们的高度关注。发展到今天，微波技术的应用领域不断扩大，从医药化工到食品化工，从无机反应到有机反应，从简单分子反应到复杂的生命过程。

### 1.4.1 微波催化机理

#### 1.4.1.1 微波致热效应

微波致热效应与传统的热效应不同，不是以热传导和对流换热形式发生的，而是一个内部加热过程。微波作用的本质是电磁波对带电粒子的作用。介质在微波场中加热有两种机理，一是离子传导，一是偶极子转动。在微波加热过程中，两种机理的微波能耗散同时存在，对介质加热的贡献取决于介质离子的迁移率、浓度以及介质的弛豫时间等[45]。

（1）离子传导机理

离子传导是电磁场中可离解离子的导电移动，离子移动形成电流，由于介质对离子的阻碍形成类似摩擦现象而产生热效应。溶液中所有离子均起导电作用，但作用大小与介质中离子的浓度和迁移率有关。因此，离子迁移产生的微波能量损失依赖于离子的大小、电荷量和导电性，并受离子与溶液分子之间的相互作用影响。

（2）偶极子转动机理

介质是由许多一端带正电，一端带负电的分子（或偶极子）组成。如果将介质放在两块金属板之间，介质内的偶极子作杂乱运动，当直流电压加到金属板上时，两极之间存在一直流电场，介质内部的偶极子重排，形成有一定取向的有规则排列的极化分子。当将直流电换成一定频率的交流电时，两极之间的电场会以同样频率交替改变，介质中的偶极子也相应地快速摆动，在 2 450 MHz 的电场中，偶极子以 $4.9\times10^9$ 次/秒的速度快速摆动。由于分子的热运动和相邻分子的相互作用，使偶极子随外加电场方向的改变而做规则摆动时受到干扰和阻碍，产生了类似摩擦的作用，使杂乱无章运动的分子获得能量，以热的形式表现出来，介质的温度也随之升高。

#### 1.4.1.2 微波的非热效应

微波对化学反应的作用不仅仅体现在对反应物加热引起反应速率的改变上，还具有电磁场对分子间反应行为的直接影响而引起的“非热效应”。微波化学反应是一个非平衡系统，旧物质不断消耗，新物质不断生成，各项界面随时可能发生变化。同时，系统的宏观电磁性质也不断发生变化，而且在微波辐射下，这种变化与微波辐射作用紧密相关。上述都会引起反应系统对微波辐射的非线性响应。微波与这种非平衡系统的相互作用也就会引起一些预料不到的结果。

对微波非热效应的机理分析，主要基于以下几点：

（1）辐射频率对分子能量的影响

从量子力学的角度，可以对于微波对极性分子的热效应进行解释。假定是双原子分子且是刚性转子，其分子的总转动能为

$$\varepsilon_0 = 0.5m_{\mathrm{A}}v_{\mathrm{A}}^2 + 0.5m_{\mathrm{B}}v_{\mathrm{B}}^2 \tag{1-5}$$

式中，$m_{\mathrm{A}}$、$m_{\mathrm{B}}$ 为原子质量，$\nu_{\mathrm{A}}$、$\nu_{\mathrm{B}}$ 为转动的速度。

由量子力学含有时间的微扰理论可知，在外界电磁辐射的可变电磁场影响下，只有偶极矩不为零的分子才能发生转动运动能级的跃迁，而分子的纯转动光谱恰在远红外和微波波段上。但是，不同分子具有不同的偶极矩，转动惯量也不同，从而动能必定不相同。从理论分析看，当分子的动能最大时，其热效应最好，固定频率的微波对不同偶极矩分子有不同的影响。从分子光谱学分析，分子的转动、振动、电子自旋共振都能发生在微波波段，其分子内部的总能量为：

$$E=E_{\text{转}}+E_{\text{振}}+E_{\text{电子}} \tag{1-6}$$

那么，不同频率的微波辐射对同一分子的总能量所产生的作用也就不一样。这一点也就解释了，要引起不同分子达到反应的最佳能力状态，所需要的电磁场

频率也就不相同。由此可推导出，不同的化学反应要达到最佳反应效果，都应对应有一个最佳的微波频率。另外，从分子光谱分布分析，提高微波场的频率，有利于加强分子振动，即提高 $E_{振}$，而 $E_{振}$的能级比 $E_{转}$能级高很多，也就是说，提高微波场的频率，有利于提高热效应。

（2）电磁场对极性（非极性）分子的作用

在外电场不存在的条件下，对分子来说，不管分子有无极性，其分子平均偶极矩总是等于零。但在外电场存在的条件下，这些分子的平均偶极矩都不再等于零，即发生了极化现象。不同物质吸收微波能量的能力不同，即分子极性对微波能吸收存在差异。在微波辐射中，对存在混极性和非极性分子的物质，微波对其加热存在不均一性，即产生温度梯度，从而降低不同分子间的相互作用力，有利于物质的分离。

（3）电磁波与分子（或化学键）振动的关系

微波会引起分子振动和高速转动，这些分子的振动、转动等在能量上应是量子化的。微波辐射可诱导极性分子进行剧烈的旋转和迁移运动，不仅会导致反应系统因为分子间的摩擦而急剧升温，同时可使分子处于高活性状态，即对分子具有活化作用。

（4）电磁干扰对化学反应的可能影响

化学反应过程从微观角度分析具有两种类型：一是孤立的带电粒子；二是基团上的带电粒子。在外电磁场作用下，荷电基团上带电粒子的运动是复杂的。分子的极化分 3 种，电子极化、原子极化、定向极化，其中定向极化是极性分子所特有的，当分子在反应过程中离解成片段（或荷电粒子）后，其在电磁场中被极化的情况也会相应变化，这也可能是影响某些反应选择性增强的一个因素。另外，微波场对荷电粒子（或极性分子）的洛伦兹力作用，就使得这些粒子之间的相对运动具有了特殊性，并且这些特殊性作用与微波的频率、温度及调制方式等有密切关系。电磁场对反应物中荷电粒子的作用主要是通过洛伦兹力来实现，如下式

$$F = q(E + B + V) \tag{1-7}$$

式中，$F$ 为洛伦兹力，$q$ 为电荷量，$E$ 和 $B$ 分别为电场强度和磁感应强度，$V$ 为离子速度。从式（1-7）可以看出，温度过高时，电磁波的作用力将被分子的热运动所淹没。

从分子的电性方面分析，极性分子在电场中的能量变化为

$$\Delta E = -uF\cos\theta \tag{1-8}$$

式中，$u$ 是偶极矩，$F$ 是分子所在位置的电场强度，$\theta$ 是偶极矩与电场夹角。从式（1-8）看出电场强度与分子能量成正比，可推导出微波功率对化学反应会有影响。

（5）电磁场分布对反应效果的影响

微波反应器主要是由磁控管、波导管、谐振腔等组成。其中，谐振腔即微波作用腔，主要起到反射微波，均匀电磁场的作用。谐振腔的形状会直接影响反应分子所处的电磁场场强分布情况。物质对微波的表现有：吸收、透过、反射或三者的叠加。这样，反应容器的形状、材料、大小等参数对其中反应物的反应效果都将有直接或间接的影响。

微波对化学反应的影响，既有热效应，又有非热效应。微波对化学反应的加速或是减缓的影响，其作用机理是非常复杂和不易判断的。也正是微波非热效应的这一特点，使得微波化学更具特色，其研究意义更为深远。所以，研究微波的致热效应与非热效应的对立统一关系是很有意义的，也是微波化学领域中一个亟待解决的问题[46-48]。

## 1.4.2 微波催化在水污染治理中的应用

微波具有很强的穿透作用，能直接加热反应物分子，改变体系的热力学函数，降低反应的活化能和分子的化学键强度，大大提高反应活性，已在有机合成、环境化学等众多领域得到广泛研究和应用[49]。近年来，微波辐射技术作为一项治理环境污染的新技术受到了越来越广泛的关注，尤其是对有机污染物处理方面的研究报道较多。

### 1.4.2.1 微波-类 Fenton 氧化

陈芳艳等[50]研究微波辐射诱导 Fenton 氧化工艺处理对硝基氯苯废水中，当 $H_2O_2$ 和 $Fe^{2+}$用量分别为 3g/L 和 160 mg/L，微波功率为 800W 辐射 10 min 后，初始浓度为 100 mg/L 的对硝基氯苯和 COD 的去除率分别可达 98.9%和 90.8%。

张艮林等[51]将微波辐射、均相 Fenton 氧化和传统混凝工艺结合起来对成分复杂的印染废水进行强化处理的研究结果表明，当 $H_2O_2$ 和 $FeSO_4 \cdot 7H_2O$ 的质量浓度分别为 4.8 g/L 和 0.08 g/L，功率为 500 W 微波辐射 1 min 后，色度和 COD 去

除率分别高达 98%和 95.96%。并得出微波辐射-均相 Fenton 氧化耦合混凝法特别适合于处理复杂印染废水的结论。

张丽等[52]采用微波强化 Fenton 氧化-膜生物反应器组合工艺处理邻氨基苯甲酸废水，结果表明微波强化 Fenton 氧化处理 COD 为 1 900 mg/L 的进水后，COD 去除率大于 80%，不仅降低了后续生物处理负荷，且 $BOD_5$/COD 有明显提高，水中的有毒性物质邻氨基苯甲酸浓度下降。

Yang 等[53]利用微波辐射强化类 Fenton 氧化工艺处理高浓度制药废水，结果表明在最优工况下，即初始 pH 为 4.42，$H_2O_2$ 和 $Fe_2(SO_4)_3$ 用量分别为 1 300 mg/L 和 4 900 mg/L，功率为 300 W 的微波辐射 6 min，COD 去除率和 $UV_{254}$ 去除率均大于 50%，且 $BOD_5$/COD 从原水的 0.165 上升到 0.47。

### 1.4.2.2 微波-光催化氧化

Han 等[54]提出频率为 2.45GHz 的微波辐射对 UV-$H_2O_2$ 氧化降解苯酚废水具有很大的促进作用，即使在抑制微波热效应的过程中，微波辐射仍能很好地促进 UV-$H_2O_2$ 氧化降解苯酚废水。其实验结果表明，在苯酚初始浓度为 200 mg/L，$H_2O_2$ 浓度为 1 200 mg/L，反应液在 UV 和微波同时辐射间保持于 50℃，反应 30 min 后，水中苯酚的去除率近 95%。而在无微波辐射其他条件相同时，苯酚去除率仅为 40%。

Gao 等[55]研究微波辅助光催化降解五氯苯酚中发现，在催化剂 $TiO_2$ 存在的条件下，初始质量浓度为 40 mg/L 的五氯苯酚在微波辐射反应 20 min 后，其去除率为 93.5%，水中 $COD_{Cr}$ 减少了 51.8%，远快于无微波辐射条件。

Zhang 等[56]利用微波无极紫外灯辐射光催化剂 $TiO_2$ 处理 X-3B 染料废水的实验中，对初始浓度为 400 mg/L 的 X-3B 染料废水反应 180 min 后，脱色率和 TOC 去除率分别达 100%和 65%，$BOD_5$/COD 从原水的 0.03 上升到 0.35。

Horikoshi 等[57, 58]研究了微波辐射以 $TiO_2$ 为催化剂的光催化工艺处理双酚、氯酚和染料等，并考察了不同微波频率对去除效果的影响。

### 1.4.2.3 微波-活性炭

Bo 等[59]在微波辐射条件下，以颗粒活性炭为催化剂，对含硝基苯酚废水进行了有效处理。当硝基苯酚初始浓度为 1 330 mg/L，微波功率为 500 W，曝气流量为 100 mL/min，进水流量为 6.4 mL/min 时，反应 180 min 后硝基苯酚去除率和 TOC 去除率分别达 90%和 80%，同时水中 $BOD_5$/COD 比值从原水的 0.30 上升到 0.61。

Quan 等[60]研究了微波辐射下，以活性炭为催化剂，水中 • OH 的生成量，并以五氯酚作为持久性有机物去除对象。当五氯酚初始浓度为 500 mg/L 和 2 000 mg/L，微波功率为 800W，曝气量为 0.5 L/min，活性炭投加量为 10 g 时，反应 60 min 后五氯酚去除率分别达到 72%和 100%，其 TOC 的去除率分别达 40%和 82%。

Zhang 等[61]在微波辐射下，以活性炭粉为催化剂降解刚果红染料废水。研究结果表明，当刚果红染料废水初始浓度为 50 mg/L，活性炭投加量为 2 g/L 时，微波辐射 1.5 min 后降解率可达 87.8%。在相同微波辐射条件下，增加活性炭投加量至 3.6 g/L 可将降解率提高至 96.5%。Zhang 等[62]还研究了经硫酸改性后的活性炭在微波辐射下处理十二烷基苯磺酸钠的试验。其结果表明，当十二烷基苯磺酸钠废水初始浓度为 100 mg/L，活性炭投加量为 1.2 g/L，微波辐射 90 s 后其降解率可达 75.5%，而其他条件相同时，未经改性活性炭的试验中其降解率仅为 59.6%。

#### 1.4.2.4 微波-$H_2O_2$

赵德明等[63, 64]研究了微波催化 $H_2O_2$ 降解苯酚，发现微波辐射的存在可促进 $H_2O_2$ 产生 • OH，加快降解进程。同时微波与 $H_2O_2$ 氧化降解苯酚存在明显的协同作用，其作用因子为 5.98，并推导出了微波-$H_2O_2$ 系统在 $H_2O_2$ 过量条件下降解苯酚的机理动力学模型。

Ravera 等[65]利用微波辐射协同 $H_2O_2$ 氧化处理高浓度萘酸[$C_{10}H_6(SO_3Na)_2$，NDS]废水。试验结果表明，当 $H_2O_2$ 和 NDS 的初始浓度比值为 10，功率 300W 微波辐射 20 min 后，萘酸去除率大于 70%。并利用电子共振捕获器证实了反应中 • OH 的生成和其在降解萘酸中的作用。

Ju 等[66]研究微波协同 $H_2O_2$ 氧化降解孔雀石绿（MG），结果表明，相对于传统热催化 $H_2O_2$ 系统，微波催化 $H_2O_2$ 可获得更好的脱色效果。并通过 HPLC-ESI-MS 和 GC-MS 分析检测出 53 种中间产物，推导出孔雀石绿的降解机理为：去 N—甲基化反应、内收反应、对 MG 共轭结构的分解反应和开环反应。

Klan 等[67]研究在 $H_2O_2$ 存在水溶液的条件下，对比单独微波、单独 UV 和 MW-UV 辐射降解高浓度硝基苯废水中发现，在投加同样浓度的 $H_2O_2$ 时，微波-$H_2O_2$ 系统完全降解硝基苯所需反应时间比 UV-$H_2O_2$ 快 30 min。此外，相同条件下 MW-UV-$H_2O_2$ 和 MW-$H_2O_2$ 在去除硝基苯效果上相差不大。

#### 1.4.2.5 微波催化其他氧化工艺

金颜等[68]利用微波辅助催化湿式氧化技术降解高浓度苯酚废水，结果表明，在微波辐射下，初始浓度为 1 000 mg/L 的苯酚废水，在反应温度为 60℃、压力为 0.3 MPa 时，反应 15 min 后苯酚废水的 TOC 去除率达到 90.8%。在进一步的降解机制研究中发现，微波辐射条件下废水中的苯酚反应 2 min 后已完全转化，主要发生直接开环反应，生成短链羧酸。

赵德明等[69]研究微波强化臭氧氧化降解苯酚水溶液的试验中发现，微波-$O_3$ 氧化系统相对单独微波和 $O_3$ 体系而言具有明显的协同效应，其增强因子为 3.6。同时，推导出这是微波与 $O_3$ 作用产生·OH，从而起到强化氧化苯酚的结果。

### 1.4.3 微波催化氧化处理技术的研究进展

目前，一些高级氧化技术常被用来去除水中硝基苯类化合物，这些工艺在处理水中不同浓度的硝基苯类化合物中都获得了很好的去除率。然而，这些技术也存在各自的缺陷，比如 $TiO_2$-UV 工艺中存在催化剂难分离回收问题，$H_2O_2$-$O_3$ 和 UV-$O_3$ 工艺存在臭氧高制取成本问题，紫外光在水中存在透射局限等问题。因此，研究其他可能有效去除水中硝基苯类化合物的方法是有必要的。

上文所列众多试验已证明，微波能有效改善许多工艺的氧化过程，且具有穿透性强、加热快速、清洁、有选择性等特点[70]。微波能显著促进有机反应进行，特别是温和条件下极性分子的化学反应。许多反应在传统加热条件下不能发生，在微波辐射条件下却能进行[71]。相对于传统加热条件下的有机反应，微波辐射加热条件具有以下优点：① 能量源与反应物质之间无接触；② 导热阻力小；③ 能源利用率高；④ 易于自动控制和操作[72]。

此外，$H_2O_2$ 是清洁的氧化剂，具有良好的环境适应性、温和的反应条件和不产生二次污染等特点[70]。这些结果都是对微波强化 $H_2O_2$ 氧化降解硝基苯的有力理论支持。因此，微波-$H_2O_2$ 体系可避免以上工艺在处理硝基苯废水中所遇到的一些缺陷。虽然微波-$H_2O_2$ 体系去除污泥和高浓度有机废水中硝基苯类化合物的研究已见报道，但该体系氧化降解水中微量硝基苯类化合物的研究并不多[66, 67, 73]。

## 1.5 生物还原处理技术

### 1.5.1 硝基苯类化合物的生物还原处理

用物理法、化学法等处理含硝基苯类化合物废水存在二次污染或处理成本较高的问题，在实际应用中受到限制，使得人们迫切寻找一些更为高效、节能和绿色的生物处理技术。由于生物法处理成本低，无二次污染，且微生物又具有较强的可变异性及适应性，因此已成为处理有机污染物的理想方法。

在合适的条件下，微生物通过生物转化作用改变硝基苯类化合物的分子结构，降低其毒性，提高可生物降解性，继而成为去除水中硝基苯类化合物的有效途径。硝基苯可以被还原成亚硝基化合物、偶氮苯、芳胺等，进而可改善它们的可生物降解性能[74]。氯代硝基苯一般难于好氧生物降解，原因是苯环上的硝基和氯原子同时为吸电子基团，使苯环上电子云密度降低，好氧条件下氧化酶的亲电子攻击受阻，导致氯代硝基苯的好氧降解较难进行[75, 76]，但通过污泥驯化和微生物富集、分离等手段，可以加快好氧降解速率。厌氧降解是氯代硝基苯降解的一个重要途径。在厌氧或缺氧条件下，氧化还原电位较低，电子云密度较低的苯环在酶作用下易受到还原剂的攻击，硝基容易被还原，氯原子容易被取代。有研究报道称，在厌氧或缺氧环境中，微生物能将硝基苯类化合物降解[75-81]。另外，也有研究表明微生物在厌氧条件下使氯代硝基苯发生还原性转化，即硝基还原作用和还原脱氯作用，产生低毒和易生化降解的苯胺类[75, 76, 81, 82]。Tamura[83]等从土壤中分离到一株假单胞菌 *Paeruginosa* 1-41，在厌氧条件下对五氯硝基苯、四氯硝基苯和三氯硝基苯的降解率分别达到了 100%、34%和 51%，主要代谢产物分别为五氯苯胺、四氯苯胺和三氯苯胺。Katsivela[81]等从污染河流沉积物中分离得到一株能以氯代硝基苯为唯一碳源、氮源和能源的 *Comemonadaceae* LW1 菌株，该菌株在厌氧条件下能将氯代硝基苯还原为 2-氨基-5-氯苯酚，2-氨基-5-氯苯酚在有氧条件下开环产生 2-氨基-5-氧黏康酸，最后经 Krebs 循环矿化。

### 1.5.2 氢自养生物还原机理与应用

微生物可以进行好氧呼吸和厌氧呼吸，以污染物为电子受体，以无机物或有机物为电子供体（如乙醇、醋酸盐、氢气等）。外加的有机电子供体（如有机碳源）会造成水体二次污染，其用量必须严格控制以适应其反应。氢自养生物还原处理技术是近来发展起来的一种去除水中氧化性污染物的新型水处理技术。微生物利用氢气进行呼吸代谢作用，将氧化性物质进行生物还原转化。氢气作为一种有效、无毒的无机电子供体，具有洁净、无污染、制氢成本低等优势，所以利用氢气为电子供体的氢自养生物还原技术更加引起学者们的重视。氢自养生物还原可使饮用水中氧化性物质的毒性逐步降低或经过还原后使其产物更加容易被去除；同时，一些还原产物不仅毒性降低而且具有资源回收利用价值。由于硝基苯类化合物属于一种有机类的氧化性物质，根据可生物转化性，它可被微生物逐步还原转化成亚硝基苯类、苯胺类等化合物，从而达到降低生物毒性及提高可生化降解性的目的。

氢自养生物还原反应能够顺利进行，主要依赖于 3 个因素[84, 85]：① 污染物为异化电子受体，能够为微生物生长提供能量；② 电子供体与受体之间的电子转移通常都是吸热反应（$\Delta G^{\circ}<0$）；③ 污染物的浓度保证微生物持续增长。

以氢气为基质的部分氧化性物质的降解反应及热力学函数值见表 1-4[86]。

**表 1-4 氢气作为电子供体还原氧化性物质所能进行的还原反应及其自由能**

| 物质 | 反应式 | $\Delta G^{\circ\prime}$（kJ/e⁻） |
|---|---|---|
| 溴酸盐 | $BrO_3^-+3H_2\rightarrow Br^-+3H_2O$ | −136 |
| 氯酸盐 | $ClO_3^-+3H_2\rightarrow Cl^-+3H_2O$ | −123 |
| 亚氯酸盐 | $ClO_2^-+2H_2\rightarrow O_2+Cl^-$ | −123 |
| 高氯酸盐 | $ClO_4^-+4H_2\rightarrow Cl^-+4H_2O$ | −118 |
| 硝酸盐 | $NO_3^-+2.5H_2+H^+\rightarrow 0.5N_2+3H_2O$ | −112 |
| 硒酸盐 | $SeO_4^{2-}+3H_2+2H^+\rightarrow Se+4H_2O$ | −65 |
| 砷酸盐 | $H_2AsO_4^-+H_2+H^+\rightarrow H_3AsO_3+H_2O$ | −45 |
| 硫酸盐 | $2SO_4^{2-}+8H_2+3H^+\rightarrow H_2S+HS^-+8H_2O$ | −19 |
| 重铬酸盐 | $CrO_4^{2-}+1.5H_2+2H^+\rightarrow Cr(OH)_3+H_2O$ | −9 |

## 1.6 研究目的和内容

### 1.6.1 研究目的

随着工业化和城镇化的飞速发展，合成纤维、塑料、农药、医药等给人类文明带来了新的生机，但随之而来的是有机物对环境污染的日益加剧，以及给人类健康带来的严重威胁。硝基苯类化合物作为重要的化工原料，被广泛地应用于医药、化工、燃料等工业。硝基苯和氯代硝基苯属于典型的硝基苯类化合物，我国环境保护部和美国国家环境保护局（USEPA）都明确将硝基苯和氯代硝基苯列为优先控制污染物之一。由于硝基苯类化合物是一种有毒有害且在环境中难以降解的污染物，对地表水、地下水甚至饮用水都造成严重污染，从而制约了我国经济的可持续发展。

本书选用硝基苯和对氯硝基苯作为对象，分别利用高级氧化和生物还原两种核心处理技术进行去除试验研究，评价微波-$H_2O_2$ 氧化和氢自养生物还原两类不同工艺的处理机理及效能，为解决水中硝基苯类化合物处理问题提供技术支持。

### 1.6.2 研究内容

本书研究内容主要包括以下两个方面：

（1）微波-$H_2O_2$ 体系对水中微量硝基苯的去除效果及其降解过程。同时，考察不同 $H_2O_2$ 投加量和硝基苯初始质量浓度、微波功率、水中普遍存在的腐植酸及水质等对微波-$H_2O_2$ 体系降解硝基苯的影响。

（2）利用筛选和富集的氢自养细菌进行对氯硝基苯的生物还原可行性试验。研究对氯硝基苯的氢自养生物还原途径及影响因素。研究氢基质生物膜反应器对于对氯硝基苯的去除机理及性能。

## 参考文献

[1] 刘永懋，宿华. 我国饮用水资源保护与可持续发展研究[J]. 中国水利，2004（15）：15-17.

[2] http：//www.mep.gov.cn/zhxx/hjyw/201106/t20110607_211707.htm.

[3] 林涛. 饮用水水源有机污染研究综述[J]. 环境保护科学，2005（1）：35-37.

[4] 严炜. 饮用水资源安全问题与水污染防治研究[J]. 食品科学，2007（7）：542-545.
[5] 王占生，刘文君. 微污染水源饮用水处理[M]. 北京：中国建筑工业出版社，1999.
[6] Ramamoorthy S. Chlorinated organic compounds in the environment [M]. Lewis：Boca Raton，1997.
[7] 汪珊，孙继朝，张宏达，等. 我国水环境有机污染现状与防治对策[J]. 海洋地质动态，2005，21（10）：5-10.
[8] 李坤陶. 我国持久性有机污染物的现状及对策[J]. 生物学教学，2008，33（8）：10-12.
[9] 张明，花日茂，李学德. 我国水环境中持久性有机污染物的研究进展[J]. 安徽农业科学，2009，37（29）：14338-14340.
[10] 邱志群，舒为群，曹佳. 我国水中有机物及部分持久性有机物污染现状[J]. 癌变 畸变 突变，2007，19（3）：188-193.
[11] 于鑫，张晓键，王占生. 水源水及饮用水中的有机物对人体健康的影响[J]. 中国公共卫生，2003，19（4）：481-482.
[12] 王晓燕，尚伟. 水体有毒有机污染物的危害及优先控制污染物[J]. 首都师范大学学报（自然科学版），2002，23（3）：73-78.
[13] 钱易. 水体颗粒物和难降解有机物的特性与控制技术原理. 下卷：难降解有机物[M]. 北京：中国环境科学出版社，2000.
[14] 岳舜琳. 给水中有机物与 Ames 致突物的相关性[J]. 中国给水排水，2003，19（1）：20-22.
[15] 张德禄，杜庆才，彭亮，等. 硝基芳烃类污染物对水生态系统的毒理研究述评[J]. 西北师范大学学报（自然科学版），2007，43（5）：98-101.
[16] 邢厚娟，王殿奎，张春红，等. 硝基苯的蓄积毒性和氧化损伤[J]. 环境化学，2009，28（2）：229-232.
[17] Zhou H L，Zhang L B，Liao C Y，et al. Advances on toxicological mechanism of AhR pathway and early biomonitoring of persistent organic pollutants（POPs） in aquatic animals [J]. Asian Journal of Ecotoxicology，2010，5（1）：9-17.
[18] Bhatkhande D S，Pangarkar V G，Beenackers A A. Photocatalytic degradation of nitrobenzene using titanium dioxide and concentrated solar radiation：chemical effects and scaleup [J]. Water Research，2003，37（6）：1223-1230.
[19] 梁诚. 硝基氯苯生产现状与市场分析[J]. 石油化工技术经济，2007，23（2）：23-26.
[20] 岳舜琳. 上海自来水氯化消毒副产物研究[J]. 中国给水排水，1992，8（5）：8-11.
[21] Community E E. Communication from the commission to the council on dangerous substances

which might be included in list I of council directive 76/464/EEC：European Economic Community，1982.

[22] Pacseri I，Magos L，Bakskor I A. Threshold and toxic limits of some amino and nitro compounds [J]. Archives of Industrial Health，1958，18：1-8.

[23] Weisburger E K，Russfield F，Homburger J，et al. Testing of twenty-one environmental aromatic amines or derivatives for long-term toxicity or carcinogenicity [J]. Journal of Environmental Pathology Toxicology and Oncology，1978，2（2）：325-356.

[24] 徐国建，李丽萍. 环境持久性有机污染物（POPs）对女性生殖毒理作用的研究进展[J]. 疾病控制杂志，2007，11（5）：508-511.

[25] 杨淑贞，韩晓冬，陈伟. 五氯酚对生物体的毒性研究进展[J]. 环境与健康杂志，2005，22（5）：396-398.

[26] 刘继凤. 持久性有机污染物的危害及防治对策[J]. 环境科学与管理，2007，32（1）：65-67.

[27] Glaze W H，Kang J W，Chapin D H. The chemistry of water treatment processes involving ozone，hydrogen peroxide and ultraviolet radiation [J]. Ozone Science & Engineerig，1987，4（9）：335-352.

[28] 王宝贞，王琳. 水污染治理新技术——新工艺、新概念、新理论[M]. 北京：科学出版社，2004.

[29] 赵庆良，刘雨，马放，等. 废水处理与资源化新工艺[M]. 北京：中国建筑工业出版社，2006.

[30] 徐向东，顾继东. 石油添加剂甲基叔丁基醚的污染治理技术研究进展[J]. 生态科学，2003，22（2）：177-182.

[31] 刘晓艳. $H_2O_2/O_3$ 高级氧化技术预氧化处理汉江水试验研究[M]. 华中科技大学硕士学位论文，2004.

[32] 胡勤海，毛柯辉，朱妙军，等. $O_3/H_2O_2$ 法降解甲基叔丁基醚（MTBE）的试验研究[J]. 环境科学，2008，29（5）：1244-1248.

[33] 钱正刚，刘长安，段晓东. $UV/O_3$ 鼓泡塔反应器处理饮用水中试研究[J]. 净水技术，2005，24（4）：39-42.

[34] 崔婧，高乃云，汪力，等. UV-$H_2O_2$ 工艺降解饮用水中阿特拉津的试验研究[J]. 中国给水排水，2006，22（5）：43-47.

[35] 伍海辉，高乃云，乐林生. UV-$H_2O_2$ 工艺去除饮用水中二氯乙酸的研究[J]. 中国给水排水，2007，23（11）：69-73.

[36] 刘香玲，潘家荣，李瑞萍，等. 紫外光照射下纳米 $TiO_2$ 降解水中有机氯酚类化合物[J]. 三峡大学学报（自然科学版），2006，28（2）：177-180.

[37] 常江，陈晖. 纳米 $TiO_2$ 光催化降解硝基苯酚类污染物动力学及机理的研究[J]. 环境工程学报，2009，3（1）：43-46.

[38] 毛艳萍，陶颖，申哲民，等. 活性艳红 X-3B 的 Fenton 氧化降解机理研究[J]. 环境科学与技术，2009，32（10）：67-70.

[39] 袁松虎，王琳玲，陆晓华. 阴极电-Fenton 法处理硝基苯酚模拟废水的研究[J]. 工业水处理，2004，24（4）：33-36.

[40] 刘正乾，胡文斐，杨文花，等. 活性炭催化臭氧氧化水中有机污染物的研究进展[J]. 中国给水排水，2010，26（4）：6-10.

[41] 隋铭皓，马军. 臭氧活性炭对硝基苯的去除效果研究[J]. 中国给水排水，2001，17（10）：70-74.

[42] 张彭义，余刚，孙海涛，等. 臭氧/活性炭协同降解有机物的初步研究[J]. 中国环境科学，2000，20（2）：159-162.

[43] 曲险峰，郑经堂，于维钊. 活性炭纤维催化臭氧化降解苯酚及其对炭表面性能的影响[J]. 环境污染与防治，2007，29（9）：664-667.

[44] 岳勇，邓皓，刘光全，等. 臭氧-活性炭工艺处理油田轻度污染地下水的实验研究[J]. 东北师大学报（自然科学版），2009，41（2）：177-181.

[45] Loupy A. Solvent-free microwave organic synthesis as an efficient procedure for green chemistry [J]. Comptes Rendus Chimie，2004，7（2）：103-112.

[46] Ighigeanu D，Calinescu I，Martin D，et al. A new hybrid technique for the volatile organic compounds removal by combined use of electron beams，microwaves and catalysts [J]. Nuclear Instruments and Methods in Physics Research Section B：Beam Interactions with Materials and Atoms，2008，266（10）：2524-2528.

[47] Polshettiwar R V，Varma R S. Aqueous microwave chemistry：a clean and green synthetic tool for rapid drug discovery [J]. Chemical Society Reviews，2008，37（8）：1546-1577.

[48] 王哲明，王进明，臧传利，等. 微波诱导催化氧化废水处理研究进展[J]. 水处理技术，2010，36（7）：24-28.

[49] Yang S，Wang P，Yang X，et al. A novel advanced oxidation process to degrade organic pollutants in wastewater：Microwave-activated persulfate oxidation [J]. Journal of Environmental Sciences，2009，21（9）：1175-1180.

[50] 陈芳艳，唐玉斌，钟宇，等. 微波诱导 Fenton 试剂氧化降解水中对硝基氯苯[J]. 环境科学与技术，2008，31（9）：46-49.

[51] 张艮林，徐晓军，兰尧中，等. 微波辐射-均相 Fenton 氧化耦合混凝法处理印染废水[J]. 化学工程，2007，35（10）：57-60.

[52] 张丽，朱晓东，杨丽，等. 微波强化 Fenton 氧化-MBR 组合工艺处理邻氨基苯甲酸废水[J]. 工业水处理，2009，29（8）：32-35.

[53] Yang Y，Wang P，Shi S，et al. Microwave enhanced Fenton-like process for the treatment of high concentration pharmaceutical wastewater [J]. Journal of Hazardous Materials，2009，168（1）：238-245.

[54] Han D H，Cha S Y，Yang H Y. Improvement of oxidative decomposition of aqueous phenol by microwave irradiation in UV/$H_2O_2$ process and kinetic study [J]. Water Research，2004，38（11）：2782-2790.

[55] Gao Z，Yang S，Sun C，et al. Microwave assisted photocatalytic degradation of pentachlorophenol in aqueous $TiO_2$ nanotubes suspension [J]. Separation and Purification Technology，2007，58（1）：24-31.

[56] Zhang X，Li G，Wang Y. Microwave assisted photocatalytic degradation of high concentration azo dye Reactive Brilliant Red X-3B with microwave electrodeless lamp as light source [J]. Dyes and Pigments，2007，74（3）：536-544.

[57] Horikoshi S，Sakai F，Kajitani M，et al. Microwave frequency effects on the photoactivity of $TiO_2$：Dielectric properties and the degradation of 4-chlorophenol，bisphenol A and methylene blue [J]. Chemical Physics Letters，2009，470（4-6）：304-307.

[58] Horikoshi S，Kajitani M，Serpone N. The microwave-/photo-assisted degradation of bisphenol-A in aqueous $TiO_2$ dispersions revisited：Re-assessment of the microwave non-thermal effect [J]. Journal of Photochemistry and Photobiology A：Chemistry，2007，188（1）：1-4.

[59] Bo L，Quan X，Chen S，et al. Degradation of p-nitrophenol in aqueous solution by microwave assisted oxidation process through a granular activated carbon fixed bed [J]. Water Research，2006，40（16）：3061-3068.

[60] Quan X，Zhang Y，Chen S，et al. Generation of hydroxyl radical in aqueous solution by microwave energy using activated carbon as catalyst and its potential in removal of persistent organic substances [J]. Journal of Molecular Catalysis A：Chemical，2007，263（1-2）：216-222.

[61] Zhang Z，Shan Y，Wang J，et al. Investigation on the rapid degradation of congo red catalyzed by activated carbon powder under microwave irradiation [J]. Journal of Hazardous Materials，2007，147（1-2）：325-333.

[62] Zhang Z，Deng Y，Shen M，et al. Investigation on rapid degradation of sodium dodecyl benzene sulfonate（SDBS） under microwave irradiation in the presence of modified activated carbon powder with ferreous sulfate [J]. Desalination，2009，249（3）：1022-1029.

[63] 赵德明，金宁人，吴纯鑫. 微波/过氧化氢系统催化降解苯酚水溶液[J]. 化工学报，2007，58（7）：1736-1740.

[64] 赵德明，费可方. 微波/过氧化氢协同降解苯酚动力学[J]. 化工学报，2008，59（1）：101-105.

[65] Ravera M，Buico A，Gosetti F，et al. Oxidative degradation of 1，5-naphthalenedisulfonic acid in aqueous solutions by microwave irradiation in the presence of $H_2O_2$ [J]. Chemosphere，2009，74（10）：1309-1314.

[66] Ju Y，Yang S，Ding Y，et al. Microwave-enhanced $H_2O_2$-based process for treating aqueous malachite green solutions：Intermediates and degradation mechanism [J]. Journal of Hazardous Materials，2009，171（1-3）：123-132.

[67] Klan P，Vavrik M. Non-catalytic remediation of aqueous solutions by microwave-assisted photolysis in the presence of $H_2O_2$ [J]. Journal of Photochemistry and Photobiology A：Chemistry，2006，177（1）：24-33.

[68] 金颜，赵国华，胡慧康. 微波辅助催化湿式氧化技术降解高浓度苯酚废水[J]. 环境污染与防治，2007，29（12）：925-929.

[69] 赵德明，李敏，张建庭，等. 微波强化臭氧氧化降解苯酚水溶液[J]. 化工学报，2009，60（12）：3137-3141.

[70] Horikoshi S，Serpone N. Photochemistry with microwaves：Catalysts and environmental applications [J]. Journal of Photochemistry and Photobiology C：Photochemistry Reviews，2009，10（2）：96-110.

[71] Lidstran P，Tierney J，Wathey B，et al. Microwave assisted organic synthesis：A review [J]. Tetrahedron，2001，57（45）：9225-9283.

[72] Serpone N，Horikoshi S，Emeline A V. Microwaves in advanced oxidation processes for environmental applications：A brief review [J]. Journal of Photochemistry and Photobiology C：Photochemistry Reviews，2010，11（2-3）：114-131.

[73] Eskicioglu C，Prorot A，Marin J，et al. Synergetic pretreatment of sewage sludge by microwave

irradiation in presence of $H_2O_2$ for enhanced anaerobic digestion [J]. Water Research，2008，42（18）：4674-4682.

[74] 李海燕，黄延，安立超. 含硝基苯类化合物废水处理技术研究[J]. 工业水处理，2006，26（7）：40-43.

[75] Park H S，Lim S J，Chang Y K，et al. Degradation of chloronitrobenzenes by a coculture of *Pseudomonas putida* and a *Rhodococcus sp* [J]. Applied and Environmental Microbiology，1999，65（3）：1083-1091.

[76] Wu J F，Jiang C Y，Wang B J，et al. Novel partial reductive pathway for 4-chloronitrobenzene and nitrobenzene degradation in *Comamonas sp* strain CNB-1 [J]. Applied and Environmental Microbiology，2006，72（3）：1759-1765.

[77] Peres C M，Naveau H，Agathos S N. Biodegradation of nitrobenzene by its simultaneous reduction into aniline and mineralization of the aniline formed [J]. Applied Microbiology and Biotechnology，1998，49（3）：343-349.

[78] Crawford R L. The microbiology and treatment of nitroaromatic compounds [J]. Current Opinion in Biotechnology，1995，6（3）：329-336.

[79] He S L，Wang L P，Zhang J，et al. Fenton pre-treatment of wastewater containing nitrobenzene using ORP for indicating the endpoint of reaction [J]. Procedia Earth and Planetary Science，2009，1（1）：1268-1274.

[80] Peres C M，Naveau H，Agathos S N. Biodegradation of nitrobenzene by its simultaneous reduction into aniline and mineralization of the aniline formed [J]. Applied Microbiology and Biotechnology，1998，49（3）：343-349.

[81] Katsivela E，Wray V，Pieper D H，et al. Initial reactions in the biodegradation of 1-chloro-4-nitrobenzene by a newly isolated bacterium，strain LW1 [J]. Applied and Environmental Microbiology，1999，65（4）：1405-1412.

[82] Susarla S，Masunaga S，Yonezawa Y. Transformations of chloronitrobenzenes in anaerobic sediment [J]. Chemosphere，1996，32（5）：967-977.

[83] Tamura K，Hasegawa Y，Kudo T，et al. Isolation and characterization of pCNB degrading bacterium，*Pseudomonas aeruginosa* strain-I-41 [J]. Journal of Pesticide Science，1995，20（2）：145-151.

[84] Rittmann B E，Mccarty P L. Envrionmental biotechnology：Principles and applications [M]. New York：McGraw-Hill Companies，2001.

[85] Chung J, Nerenberg R, Rittmann B E. Bioreduction of selenate using a hydrogen-based membrane biofilm reactor [J]. Environmental Science & Technology, 2006, 40(5): 1664-1671.

[86] Nerenberg R, Rittmann B E. Hydrogen-based, hollow-fiber membrane biofilm reactor for reduction of perchlorate and other oxidized contaminants [J]. Water Science and Technology, 2004, 49 (11-12): 223-230.

# 第2章　微波-$H_2O_2$体系氧化降解水中硝基苯的研究

## 2.1　研究内容

比较单独微波、单独$H_2O_2$和微波-$H_2O_2$体系对硝基苯的氧化降解情况，并通过研究微波功率、$H_2O_2$投加量及投加方式、硝基苯初始浓度等因素对微波-$H_2O_2$体系处理效能的影响，分析微波催化$H_2O_2$处理水中微量硝基苯的可行性。

## 2.2　材料与方法

### 2.2.1　试验装置

试验流程如图2-1所示。

试验采用间歇式密闭反应器（避免硝基苯挥发），有效容积为2 L。主体部分微波反应器是由市售频率为2 450 MHz家用微波炉改装而成。由三口烧瓶制成的石英反应器置于微波炉中。热电偶被置于不锈钢薄管中，插入反应器中测量反应液温度，其一端接地以防止管中微波积累可能造成的放电。为有效控制反应过程中的温度，反应液通过一个冷却装置进行温度调控。所有试验中，反应液温度浮动均控制在±2℃内。通过测量微波炉四周（外径20 cm）的微波密度，其微波泄漏控制在0.5 $MW/cm^2$以下，保证微波泄漏在安全范围内。传统加热中热效应对硝基苯降解影响的试验，其控制温度通过缠绕在石英反应器上的电热丝加热获得。所有的试验均在该反应装置中进行，以保证所有试验均有相同的实验条件。

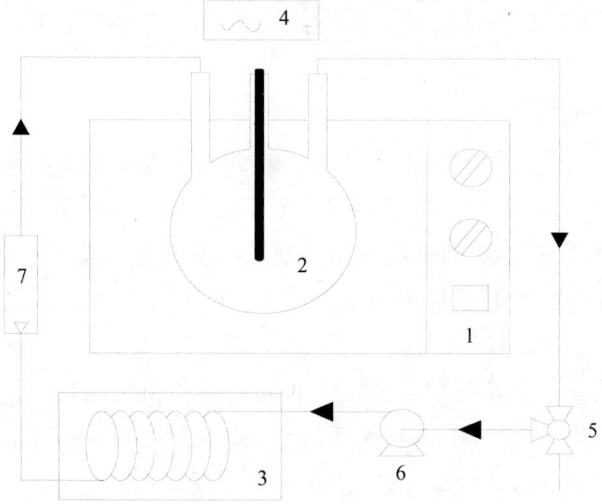


1—微波反应器；2—三口烧瓶；3—冷却器；4—热电偶；5—三通阀；6—循环泵；7—转子流量计

**图 2-1　试验工艺流程**

### 2.2.2　试验方法

（1）比较各种反应体系对硝基苯降解的效果

配制初始质量浓度为 300 μg/L 的硝基苯反应溶液，取 3 份 2 000 mL 的溶液，均用微量注射器加入一定量 $H_2O_2$，使反应液中 $H_2O_2$ 初始质量浓度为 20 mg/L。后分别利用单独微波辐射、传统加热方式协同 $H_2O_2$ 和微波-$H_2O_2$ 体系对水中硝基苯进行降解，研究比较三者的硝基苯降解效果。其中，微波辐射功率为 300 W，所有试验控制反应温度为 50℃±2℃。

（2）微波功率对硝基苯降解的影响

配制硝基苯初始质量浓度为 300 μg/L，$H_2O_2$ 初始质量浓度为 20 mg/L 的反应液，注入反应装置后，调节微波辐射功率分别为 150 W、300 W、450 W 和 600 W，利用冷却装置控制反应温度在 50℃±2℃内，研究各微波功率辐射下，硝基苯去除率随反应时间的变化情况。

（3）$H_2O_2$ 投加量对硝基苯降解的影响

配制硝基苯初始质量浓度为 300 μg/L 的反应溶液，取 5 份 2 000 mL 的反应液，用微量注射器分别加入一定量 $H_2O_2$，使反应液中相应的 $H_2O_2$ 浓度分别为 6.67 mg/L、10 mg/L、20 mg/L、30 mg/L 和 40 mg/L，后在功率为 300 W 的微波辐射下进行，并利用冷却装置控制反应温度在 50℃±2℃内，研究 $H_2O_2$ 投加量对微波-$H_2O_2$ 体系降解水中硝基苯的影响。

（4）$H_2O_2$ 投加方式对硝基苯降解的影响

配制硝基苯初始质量浓度为 300 μg/L 的反应溶液，取两份 2 000 mL 的反应液，各个试验中 $H_2O_2$ 总投加量均为 40 mg，投加时分别采用一次性投加和间歇投加。后在功率为 300W 的微波辐射下进行，并利用冷却装置控制反应温度在 50℃±2℃内，研究 $H_2O_2$ 投加方式对微波-$H_2O_2$ 体系降解水中硝基苯的影响。

（5）初始浓度对硝基苯降解的影响

配制硝基苯初始质量浓度分别为 50 μg/L、80 μg/L、100 μg/L、200 μg/L、300 μg/L、500 μg/L 和 1 000 μg/L 的反应溶液，各取 2 000 mL 的反应液，用微量注射器加入一定量 $H_2O_2$，使反应液中 $H_2O_2$ 初始质量浓度为 20 mg/L，后在功率为 300W 的微波辐射下进行，并利用冷却装置控制反应温度在 50℃±2℃内，研究硝基苯初始浓度对微波-$H_2O_2$ 体系降解水中硝基苯的影响。

（6）反应温度对硝基苯降解的影响

配制 4 份 2 000 mL 的硝基苯初始质量浓度为 300 μg/L，$H_2O_2$ 初始质量浓度为 20 mg/L 的反应液，在微波功率 300 W 辐射下，反应温度分别控制在 25℃、40℃、50℃和 70℃内进行，研究反应温度对微波-$H_2O_2$ 体系降解水中硝基苯的影响。

（7）pH 对硝基苯降解的影响

配制 3 份 2 000 mL 的硝基苯初始质量浓度为 300 μg/L，$H_2O_2$ 初始质量浓度为 20 mg/L 的反应液，并利用氢氧化钠溶液和硫酸溶液预先调节水样的 pH，3 份反应液的 pH 分别为 5、7 和 9。在微波功率 300 W 辐射下，反应温度控制在 50℃内进行，研究 pH 对硝基苯降解的影响。

## 2.3 试验结果

### 2.3.1 各种反应体系对硝基苯降解效果的比较

图 2-2 显示了初始浓度为 300 μg/L 的硝基苯分别在微波、$H_2O_2$ 和微波-$H_2O_2$ 3 种体系条件下的降解情况。从图 2-2 可以看出，单独 $H_2O_2$ 或单独微波对硝基苯

的降解效果都不明显，但其组合体系的降解效果很好。在微波辐射并控制反应温度为 50℃±2℃的条件下，32 min 后硝基苯去除率就达 88.5%，远高于单独 $H_2O_2$ 控制传统加热温度为 50℃时的去除率。从分子结构分析，硝基苯具有稳定的苯环，硝基（—$NO_2$）作为吸电子基团，降低了苯环上的电子云密度，使一般的氧化剂很难将苯环打开，故很难直接被 $H_2O_2$ 氧化。

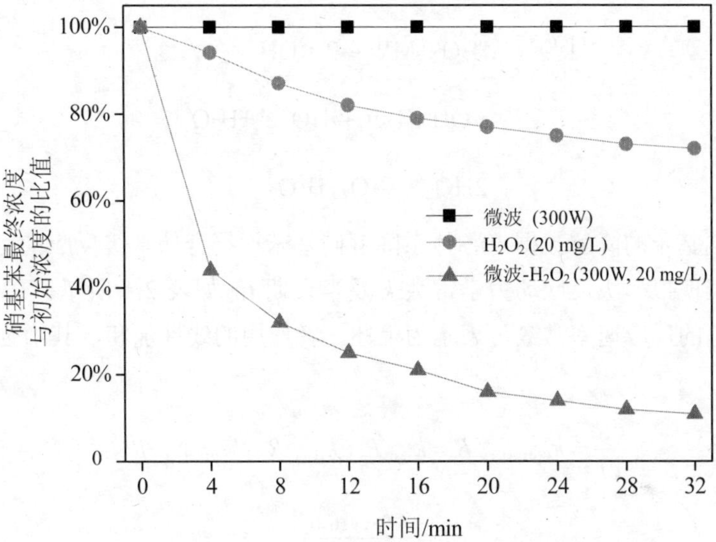


图 2-2　不同反应过程对硝基苯的降解

从加热方式上分析，微波加热和常规加热有着本质的区别。本试验中利用缠绕在石英反应器上的电热丝加热方式属于传统的加热方式。该方式大多通过器壁导热，将热量传导到溶液内部，这一过程往往需要一定时间。此外，因液体表面的汽化，对流传热形成内外的温度梯度，仅小部分液体会与外界热源温度相当。相反，微波加热是一种内部加热过程，它完全区别于普通的外加热方式，即热量由物料外部传导到内部。微波加热是利用介质的介电损耗而发热，在极短时间内使介质分子达到极化状态，加剧分子的运动和碰撞从而起到升温作用。且由于电磁能量是以电磁波形式辐射到介质内部，内外同步加热，加热无滞后效应[1]。

同时，可推导出微波-$H_2O_2$ 体系氧化降解硝基苯主要是靠 $H_2O_2$ 在微波的催化作用下生成·OH，·OH 在具有强氧化性的同时，还具有很高的亲电加成性能，其电子亲和能为 569.3 kJ/mol，容易对高电子云密度点进行攻击。此外，微波辐射可诱导极性分子进行剧烈的旋转和迁移运动，导致反应液因分子间的摩擦而急剧升温。水分子的剧烈运动会增加硝基苯与氧化剂间的碰撞次数，同时微波的辐射效应利于 $H_2O_2$ 产生·OH 自由基，使分子处于高活性状态，从而起到加快 $H_2O_2$ 对硝基苯氧化降解的作用[2]。

微波催化 $H_2O_2$ 的作用机理与 UV-$H_2O_2$ 的作用机理相似，均可表示为下列 3 式[3]：

$$H_2O_2 + MW \rightarrow 2\cdot OH \tag{2-1}$$

$$\cdot OH + H_2O_2 \rightarrow HO_2\cdot + H_2O \tag{2-2}$$

$$2HO_2\cdot \rightarrow O_2 + H_2O_2 \tag{2-3}$$

拟合硝基苯的降解数据，各体系降解硝基苯均符合伪一级反应动力学方程。所拟合的表现拟一级反应动力学常数 $k$ 及半衰期 $t_{1/2}$ 如表 2-1 所示。在微波-$H_2O_2$ 体系中其总的反应速率常数可表示为上述三者作用的线性加和，其增强因子 $f$ 可表示为：

$$\frac{\mathrm{d}R}{\mathrm{d}t} = k_{\mathrm{MW/H_2O_2}}R = k_{\mathrm{MW}}R + k_{\mathrm{H_2O_2}}R + k_{\mathrm{MW-H_2O_2}}R \tag{2-4}$$

$$f = \frac{k_{\mathrm{MW/H_2O_2}}}{k_{\mathrm{MW}} + k_{\mathrm{H_2O_2}}} \tag{2-5}$$

**表 2-1　各工艺拟合的反应速率方程及相关系数**

| 体系 | 反应速率方程 | $k$ | $R^2$ | $t_{1/2}$/min |
|---|---|---|---|---|
| 单独微波 | lnc=−0.003 2$t$+5.293 3 | 0.003 2 | 0.981 2 | 213.9 |
| 传统加热-$H_2O_2$ | lnc=−0.010 0$t$+5.247 4 | 0.010 0 | 0.959 7 | 69.3 |
| 微波-$H_2O_2$ | lnc=−0.078 9$t$+4.946 5 | 0.078 9 | 0.940 4 | 8.8 |

由表 2-1 数据可算出增强因子 $f$=5.98，因此，微波-$H_2O_2$ 体系的协同作用是比较明显的。

杨忆新等[4]利用臭氧/纳米 $TiO_2$ 催化氧化去除水中微量硝基苯的试验中，纳米 $TiO_2$ 催化臭氧化去除硝基苯较单独臭氧氧化有明显的提高，单独臭氧氧化初始质量浓度为 60 μg/L 的硝基苯，反应 20 min 后去除率仅为 12.6%，而相同条件下，

纳米 $TiO_2$ 催化臭氧氧化硝基苯的去除率达到 61%。张静等[5]利用陶粒负载纳米 $TiO_2$ 催化臭氧化降解水中微量硝基苯的研究中，在常温下进行，对初始浓度为 60 μg/L 的硝基苯进行降解，反应 180 min 后硝基苯去除率才达到 82%。对比微波-$H_2O_2$体系与纳米 $TiO_2$ 催化臭氧工艺和陶粒负载纳米 $TiO_2$ 催化臭氧工艺对水中微量硝基苯的去除效率看出，微波-$H_2O_2$ 体系存在较明显的优势。

### 2.3.2　微波功率对硝基苯降解效率的影响

在硝基苯初始浓度为 300 μg/L，$H_2O_2$ 投加量为 20 mg/L 条件下，不同微波功率辐射下硝基苯去除率随时间的变化见图 2-3。反应 24 min 后，在 150～300 W 间硝基苯去除率随微波辐射功率的增加而增加；300～450 W 时，硝基苯去除率随微波辐射功率增加略有降低；而当微波功率为 600 W 时，硝基苯去除率比功率为 150 W 时的硝基苯去除率低。该结果表明，过高或过低的微波功率辐射对硝基苯的去除率均有不利影响。这一结果和 Yang 等[6]的研究结果相似。因此，在后续的试验中，均选择微波功率为 300 W 进行辐射。

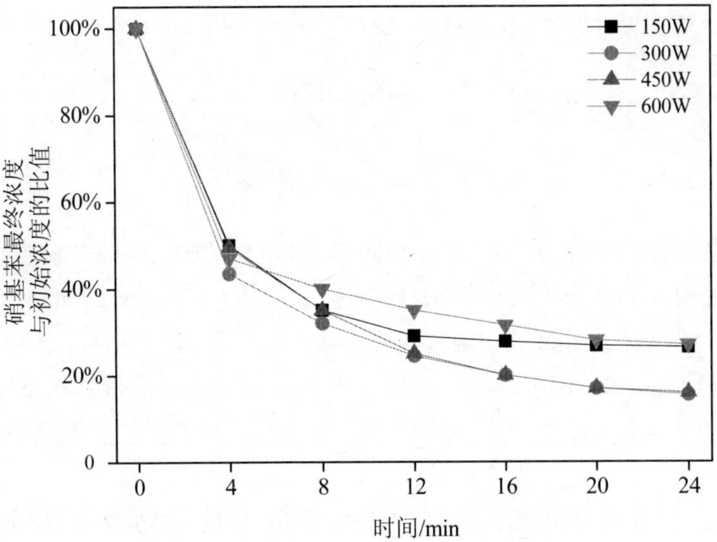


图 2-3　微波功率对硝基苯降解效果的影响

反应物吸收微波能量的能力和速度与分子的极性有关。极性分子因其分子内电荷分布的不平衡，在微波场中能迅速吸收电磁波的能量，并通过分子偶极作用以每秒数十亿次的高速旋转产生热效应。体系温度升高，增加分子的碰撞频率和分子化合键的断裂，从而有利于化学反应的进行。微波辐射功率增加时，能吸收微波能的分子越来越多，同时由于极性分子在微波能的作用下，体系温度升高，增加硝基苯分子与氧化剂之间的碰撞频率和分子化合键的断裂，从而有利于硝基苯的降解[7, 8]。

此外，微波辐射也能改变体系的热力学函数，降低反应的活化能和分子化学键的强度。微波对化学反应的影响不仅体现在对有效碰撞频率的影响，还体现在对能量的影响，而后者的作用相对较大。分子的能量由电子能量，振动能量和转动能量构成，这就意味着分子内存在许多类型的能级，若选择定则许可，就可以发生跃迁。当分子获得能量进行跃迁时，则会进入一种亚稳定状态。该状态下的分子极为活跃，分子内部、分子与分子之间，旧键的断裂、新键的形成更为激烈，分子之间的有效碰撞频率均大大增加，从而起到有效促进反应的进行[9]。

但当微波辐射功率增加时，体系升温速率过快，可能会引起 $H_2O_2$ 部分分解为 $O_2$ 和 $H_2O$，从而影响硝基苯的降解。在微波功率 450～600 W 去除率的下降，也有可能是由·OH 浓度下降引起的。在高功率微波辐射条件下，分解活化能为 217.7kJ/mol 的 $H_2O_2$ 可能直接分解成 $H_2O$ 和 $O_2$，而非·OH，表达式见式（2-6）[10]。

$$2H_2O_2 \rightarrow O_2 + 2H_2O \tag{2-6}$$

### 2.3.3 $H_2O_2$ 投加量对硝基苯降解效率的影响

在硝基苯初始浓度为 300 μg/L，不同初始 $H_2O_2$ 投加量条件下硝基苯去除率随时间变化见图 2-4。从图中可以看出，$H_2O_2$ 投加量从 6.67 mg/L 增加到 20 mg/L 时，在 300W 微波辐射 24 min 后，硝基苯的去除率明显升高，从 64%上升到 85%。但当 $H_2O_2$ 投加量由 20 mg/L 增加到 40 mg/L 时，硝基苯的去除率呈下降趋势，当 $H_2O_2$ 投加量为 40 mg/L 时硝基苯去除率仅为 66%。硝基苯去除率随 $H_2O_2$ 投加量先上升后下降，表明过高或过低的 $H_2O_2$ 投加量对硝基苯去除率均有不利影响。

$H_2O_2$ 既是·OH 的引发剂，又是·OH 的抑制剂。$H_2O_2$ 与·OH 的反应速率常数为 $2.7\times10^7(\mathrm{mol/L})^{-1}\cdot \mathrm{s}^{-1}$[11, 12]。投加过量的 $H_2O_2$ 进入反应器中，在初始阶段会迅速生成浓度较高的·OH。由于·OH 的化学性质十分活跃，在生成·OH 中途就会有一部分氧化水中的硝基苯，使其迅速降解。另一部分过量的·OH 则会与水中的未离解的 $H_2O_2$ 迅速反应生成水和 $HO_2$·，如式（2-2）所示，消耗掉·OH。

此外，水中的·OH 达到一定浓度时，自由基和自由基之间也可以发生反应淬灭。这些都会导致在后续反应中，·OH 的浓度急剧下降，不能对水中硝基苯进一步有效降解。所以，过量的投加 $H_2O_2$ 除了会引起 $H_2O_2$ 的二次污染外，对有机物的氧化降解也会起到不利的影响。因此在这一过程中存在一个最佳的 $H_2O_2$ 投加量，即为 20 mg/L。

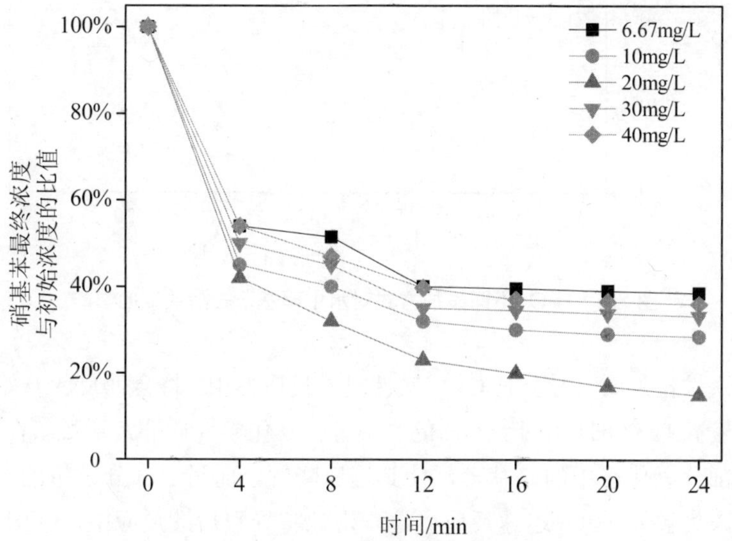


图 2-4　$H_2O_2$ 投加量对硝基苯降解效果的影响

## 2.3.4　$H_2O_2$ 投加方式对硝基苯降解效率的影响

图 2-5 是 $H_2O_2$ 的一次性投加和间歇投加两种方式下的硝基苯去除情况。从图中可以看出，当 $H_2O_2$ 一次性投入反应器中，水中硝基苯的浓度迅速下降，反应 4 min 后就降解了 57%。然而随着反应时间的延长，水中剩余的硝基苯去除变得缓慢。当采用间歇投加方式时，在反应 4 min 后硝基苯去除率仅为 44%，但随着 $H_2O_2$ 的持续加入，水中剩余的硝基苯去除速度明显优于一次性投加方式时的去除速率。在反应 8 min、16 min 和 24 min 后硝基苯去除分别为 62%、84%和 94%。相对于一次性投加 $H_2O_2$ 时的硝基苯去除率分别提高了 6%、4%和 9%。

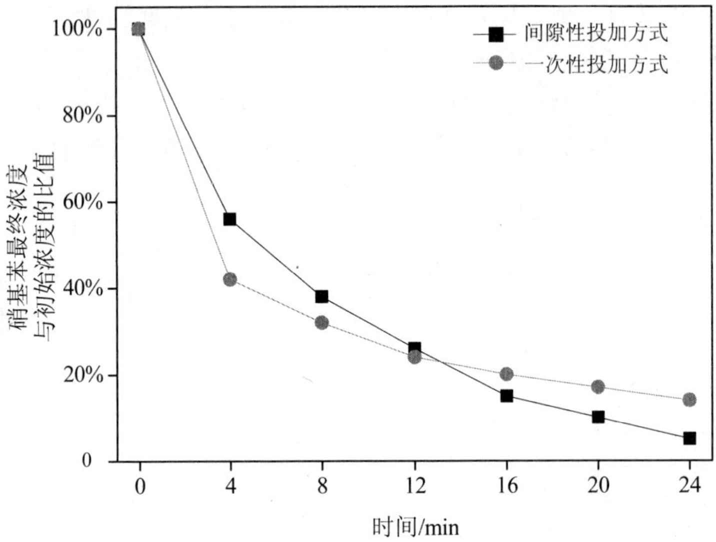


图 2-5　$H_2O_2$ 不同投加方式对水中硝基苯去除效能的影响

在一次性投加时，由于 $H_2O_2$ 一次性投入反应器中，将会使反应开始阶段迅速生成浓度较高的・OH。由于・OH 的高活性，其化学性质非常活泼，在生成・OH 时仅会有部分氧化水中的硝基苯，使其迅速降解。而另一部分过量的・OH 则会和水中的未离解的 $H_2O_2$ 迅速反应。这一现象将导致后续反应中，・OH 浓度急剧下降，使得降解硝基苯的速率大大减小。在间歇投加时，随着 $H_2O_2$ 分阶段连续投加到反应器中，・OH 在前一个阶段被消耗后又可以在下一个阶段重新生成，其浓度不会在后续反应中大大减小，而是一直保持在有效范围内，有利于微波-$H_2O_2$ 体系对硝基苯持续氧化直至其最终完全去除。

通过以上试验和分析结果表明，在实际水处理中采用间歇投加 $H_2O_2$ 方式，利于系统中持续生成稳定、有效浓度的・OH，提高硝基苯的去除速率和效率。

### 2.3.5　初始浓度对硝基苯降解效率的影响

在 300W 微波辐射条件下，微波-$H_2O_2$ 体系对不同初始浓度硝基苯的降解不一样，不同硝基苯初始浓度在 $H_2O_2$ 投加量为 20 mg/L 下的降解效果和不同硝基苯初始浓度单位 $H_2O_2$ 降解硝基苯量的关系分别如图 2-6 和图 2-7 所示。

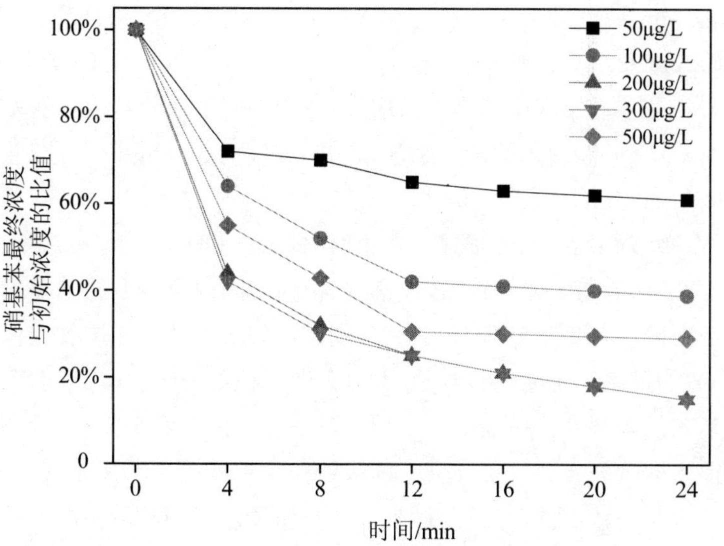


图 2-6　硝基苯初始浓度对硝基苯降解效果的影响

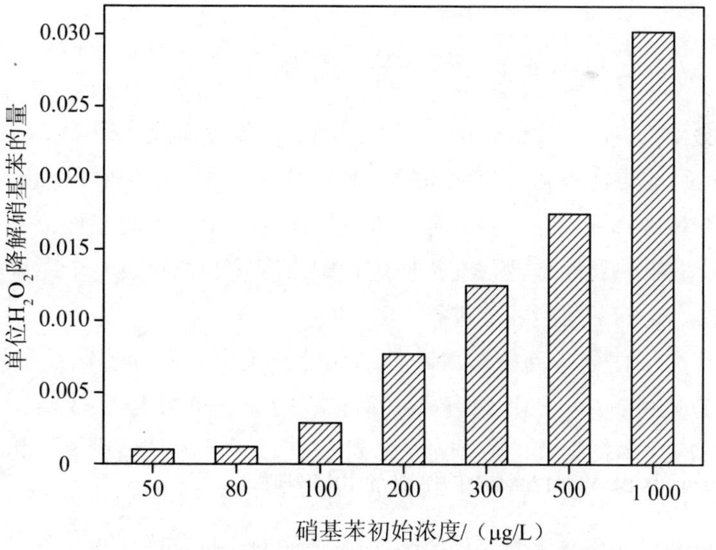


图 2-7　不同初始浓度与单位 $H_2O_2$ 降解硝基苯的关系

由图 2-6 可知，在微波功率 300 W 辐射条件下，投加 20 mg/L 的 $H_2O_2$，硝基苯的初始浓度分别为 1000 μg/L、500 μg/L、300 μg/L、200 μg/L、80 μg/L 和 50 μg/L，

反应时间 24 min 后，去除率分别为 61%、72%、85%、85%、62%和 37%。随着硝基苯初始浓度的增大，硝基苯去除率先上升后下降，但单位 $H_2O_2$ 降解硝基苯的量始终随着硝基苯初始浓度的增加而增大（图 2-7）。硝基苯初始浓度为 1 000 μg/L 时的单位 $H_2O_2$ 降解硝基苯的量是硝基苯初始浓度为 300 μg/L 时的 2.4 倍，是硝基苯初始浓度为 50 μg/L 时的 33 倍。

$H_2O_2$ 在微波辐射下分解成具有强氧化性的·OH，硝基苯的降解主要取决于·OH。当硝基苯初始浓度较高时，则在相同时间内有较多的硝基苯同·OH 作用，从而使得硝基苯去除率和 $H_2O_2$ 有效利用率较高；当硝基苯初始浓度较低时，会形成 $H_2O_2$ 的过量，而过量的 $H_2O_2$ 不但会消耗掉部分·OH，还可能发生自耗现象，对硝基苯的降解产生负面效应，导致硝基苯去除率和 $H_2O_2$ 有效利用率降低。

对比前人研究发现，微波-$H_2O_2$ 体系处理高浓度硝基苯废水时，要达到同样的去除率需要相对较小的 $H_2O_2$ 与硝基苯的初始浓度比值和较短的反应时间。这一现象可用反应动态理论解释，反应物浓度越高，那么反应速率越快，反应物的转化率越大。因此，水中低浓度有机物的去除需要相对较高的 $H_2O_2$ 与硝基苯的初始浓度比值和较长时间才能获得[13]。

### 2.3.6 反应温度对硝基苯降解效率的影响

在化学反应中，温度的影响是不可忽视的。温度不仅会影响反应速度，还会影响反应进行的方向。随着反应系统的温度升高，大多数化学反应的反应速率增大。目前，对这一现象存在两种分析理论，碰撞理论和过渡态理论。过渡态理论认为不论反应吸热还是放热，在反应过程中反应物必须跨越一个能量反应才能进行，即吸收一定的活化能才能进行。

温度升高可使分子动能增大，使活化分子增多，从而提高反应速率。分析 Arrhenius 方程可看出，温度每升高 10℃，反应速率将增大 2～3 倍；且反应活化能越大，反应速率受温度的影响越大。对于 $H_2O_2$，在不同温度区，其分解反应级数各不同。有研究表明，以 $K_2Cr_2O_7$ 为 $H_2O_2$ 分解的催化剂时，在温度 0～5℃区间内其分解反应方程遵循零级反应动力学方程；在温度 10～50℃区间内其反应遵循一级反应力学方程；在温度 55℃以上时，反应遵循二级反应动力学方程[14]。

在 25～70℃的温度范围内，本实验考察反应温度对微波-$H_2O_2$ 体系降解水中硝基苯的影响，结果如图 2-8。从图可以看出，在 25～50℃的反应温度区间内，硝基苯去除率随温度升高而增大。反应 24 min 后，当反应温度控制在 25℃时，硝基苯去除率仅为 72%，40℃时为 82%，50℃时增加到 85%。分析结果表明，当反应温度控制在常温条件下，微波-$H_2O_2$ 体系对水中硝基苯的氧化降解效果仍较好，未受温度太大影响。这一点利于该工艺在实际工程中的运用和推广。但当反应温度上升到 70℃时，硝基苯去除率相对于 25℃的时候反而有降低，相对于 50℃的时候则大大降低。反应温度为 70℃时，反应 24 min 后硝基苯去除率仅为 48%，远低于 50℃时的 85%。可见在本实验条件下，温度过高会对反应产生非常不利的影响。造成该现象的原因可能是温度过高时，$H_2O_2$ 会迅速分解成 $H_2O$ 和 $O_2$，导致水中生成·OH 量大大减少，使得硝基苯的氧化降解效率下降。

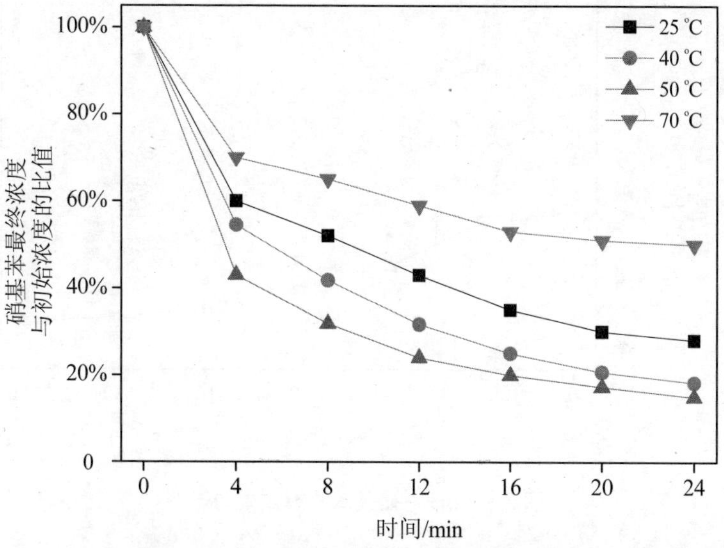


图 2-8　反应温度对硝基苯降解效果的影响

## 2.3.7　pH 对硝基苯降解效率的影响

水体的 pH 是影响有机物高级氧化过程的一个重要因素，在不同的 pH 下同一种有机物的氧化有时会遵循不同的反应机理，而形成不同的降解途径。同时，溶液的初始 pH 也会对 $H_2O_2$ 体系的氧化降解作用有较大影响。

从图 2-9 可知，在偏酸性的水体下，即 pH 为 5 时，微波-$H_2O_2$ 体系对硝基苯的降解效果较好。而碱性条件下，其降解明显受到抑制。pH 从酸性的 5 增加到碱性的 9 后，硝基苯的去除率由 90%下降到 60%。造成这一现象的原因是，pH 影响硝基苯在水溶液中的分布形态。在水中 pH 小于硝基苯离解常数的溶液中，硝基苯分子占主导；在 pH 大于硝基苯离解常数的溶液中，硝基苯离子占主导。硝基苯以分子状态存在时有利于微波-$H_2O_2$ 对其的降解。同时，根据反应电动势，$H_2O_2$ 在酸性溶液中的歧化程度较在碱性溶液中稍大，即易于形成·OH。故在本试验中显现，在酸性水样下，微波-$H_2O_2$ 体系对硝基苯的氧化降解优于中性或碱性条件下的处理效果。

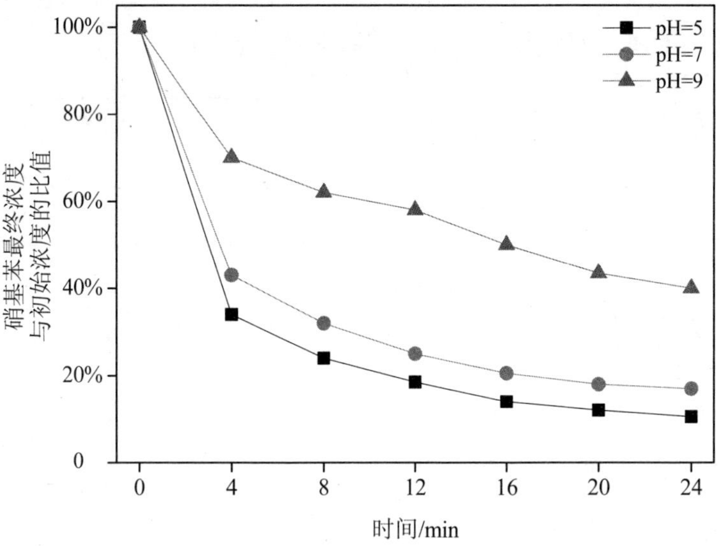


图 2-9　pH 对硝基苯降解效果的影响

## 2.4　小　结

在比较各种反应体系对硝基苯降解效果的试验中发现，当水中硝基苯初始浓度为 300 μg/L 时，$H_2O_2$ 投加量为 20 mg/L，微波-$H_2O_2$ 体系处理硝基苯的效果显著，32 min 后硝基苯去除率就达 88.5%，远高于传统加热+单独 $H_2O_2$ 氧化或单独微波辐射。本实验中该工艺最佳微波功率为 300W。随 $H_2O_2$ 投加量和硝基苯初始浓度的增加，微波-$H_2O_2$ 体系对硝基苯的去除率先增后减，但单位 $H_2O_2$ 降解硝基苯的量始终随着硝基苯初始浓度的增加而增大。当硝基苯初始浓度为 300 μg/L 时，

$H_2O_2$最佳投加量为 20 mg/L，高于这个投加量对去除率没有积极影响。同时，间歇投加 $H_2O_2$ 方式比一次性投加方式能获得更高的降解效率和速率。在常温条件下，微波-$H_2O_2$ 体系对水中微量硝基苯的氧化降解效果较好，且过高的反应温度对硝基苯去除率会造成不利影响。此外，偏酸性水体更利于硝基苯的降解。综上试验结果表明，微波-$H_2O_2$体系处理水中微量硝基苯的工程是实际可行的。

## 参考文献

[1] Sato M，Roy R，Ramesh P，et al. Microscopic non-equilibrium heating a possible mechanism of microwave effects [J]. International Symposium on Microwave Science and its Application to Related Fields，2004：339-340.

[2] Horikoshi S，Hidaka H，Serpone N. Environmental remediation by an integrated microwave/UV-illumination method II：Characteristics of a novel UV-VIS-microwave integrated irradiation device in photodegradation processes [J]. Journal of Photochemistry and Photobiology A：Chemistry，2002，153（1-3）：185-189.

[3] Horikoshi S，Hidaka H，Serpone N. Hydroxyl radicals in microwave photocatalysis. Enhanced formation of OH radicals probed by ESR techniques in microwave-assisted photocatalysis in aqueous $TiO_2$ dispersions [J]. Chemical Physics Letters，2003，376（3-4）：475-480.

[4] 杨忆新，马军，秦庆东，等. 臭氧/纳米 $TiO_2$ 催化氧化去除水中微量硝基苯的研究[J]. 环境科学，2006，27（10）：2028-2034.

[5] 张静，马军，杨忆新，等. 陶粒负载纳米 $TiO_2$ 催化臭氧化降解水中微量硝基苯[J]. 环境科学，2007，28（10）：2208-2212.

[6] Yang S，Wang P，Yang X，et al. A novel advanced oxidation process to degrade organic pollutants in wastewater：Microwave-activated persulfate oxidation [J]. Journal of Environmental Sciences，2009，21（9）：1175-1180.

[7] 王菲菲，俞锐，徐传云. 基于微波化学的有机废水微波诱导催化技术和微波辅助高级氧化技术[J]. 环境科学导刊，2010，29（1）：60-63.

[8] 宋小芳，张东. 微波辐射在高分子材料降解中的应用[J]. 辽宁化工，2008，37（2）：102-106.

[9] 李永红. 微波促进有机反应原理及微波有机合成仪[J]. 化工时刊，2005，19（10）：53-55.

[10] Zhang X，Wang Y，Li G，et al. Oxidative decomposition of azo dye C.I. Acid Orange 7（AO7）under microwave electrodeless lamp irradiation in the presence of $H_2O_2$ [J]. Journal of Hazardous Materials，2006，134（1-3）：183-189.

[11] 张奎山，董文艺，辛峰，等. 过氧化氢高级氧化工艺在饮用水深度处理中的应用[J]. 西南给排水，2005，27（4）：1-5.

[12] 莫淑欢. 过氧化氢分解动力学研究[M]. 硕士学位论文：广西大学制浆造纸工程，2008.

[13] Klan P，Vavrik M. Non-catalytic remediation of aqueous solutions by microwave-assisted photolysis in the presence of $H_2O_2$ [J]. Journal of Photochemistry and Photobiology A：Chemistry，2006，177（1）：24-33.

[14] 许志忠，李晓春. 过氧化氢分解影响因素分析[J]. 染整技术，2006，28（1）：33-38.

# 第 3 章　水中常见物质对微波-$H_2O_2$ 体系氧化降解硝基苯的影响

## 3.1　研究内容

研究水体中常见物质对微波-$H_2O_2$ 体系氧化降解水中硝基苯的影响。水体中常见物质主要为腐植酸、重碳酸根和自来水背景中的杂质，这些物质对微量的有机污染物的降解可能产生较大的影响。本研究目的在于考察微波-$H_2O_2$ 体系能否较好地适应和解决水体中常见物质对其降解硝基苯的影响，研究结果可为微波-$H_2O_2$ 体系在实际运用中提供科学参数。

## 3.2　试验方法

（1）腐植酸对硝基苯降解的影响

采用蒸馏水稀释腐植酸母液至试验所需的浓度，并利用 HCl、NaOH 通过 pH 计将水样调节到所需的 pH（偏差为±0.05 个单位）。配水溶液中腐植酸的浓度通过测定水样 $UV_{254}$ 值来确定。该试验中需配制 4 份腐植酸浓度分别为 $UV_{254}$=0.053 $cm^{-1}$、$UV_{254}$=0.081 $cm^{-1}$、$UV_{254}$=0.139 $cm^{-1}$ 和 $UV_{254}$=0.195 $cm^{-1}$ 的反应液。后向配制好的腐植酸反应液加入一定量硝基苯和 $H_2O_2$，使反应液中相应的硝基苯和 $H_2O_2$ 浓度分别为 300 μg/L 和 20 mg/L。将反应液注入反应器中，在功率为 300 W 的微波辐射下进行，并利用冷却装置控制反应温度在 50℃±2℃内，研究腐植酸对微波-$H_2O_2$ 体系降解水中硝基苯的影响。

（2）重碳酸根离子对硝基苯降解的影响

在 7 个大烧杯中注入各 2 L 蒸馏水作为反应液，向各个大烧杯中投加不同质量的粉末状$NaHCO_3$，使反应液中相应的$NaHCO_3$浓度分别为0、15 mg/L、40 mg/L、70 mg/L、100 mg/L、150 mg/L 和 200 mg/L。后向配制好的 $NaHCO_3$ 反应液加入一定量硝基苯和 $H_2O_2$，使反应液中相应的硝基苯和 $H_2O_2$ 浓度分别为 300 μg/L 和 20 mg/L。将反应液注入反应器中，在功率为 300 W 的微波辐射下进行，并利用冷却装置控制反应温度在 50℃±2℃内，研究重碳酸根离子对微波-$H_2O_2$ 体系降解水中硝基苯的影响。

（3）水质背景对硝基苯降解的影响

分别利用自来水和蒸馏水配制硝基苯和 $H_2O_2$ 初始质量浓度分别为 300 μg/L 和 20 mg/L 的反应液，注入反应装置后，在功率为 300 W 的微波辐射下进行，并利用冷却装置控制反应温度在 50℃±2℃内，研究不同水质背景对微波-$H_2O_2$ 体系降解水中硝基苯的影响。

## 3.3 试验结果

### 3.3.1 腐植酸对硝基苯降解效率的影响

天然有机物主要是由动植物残体在土壤、水体和沉积物中经过复杂的生物、物理和化学等过程转化而成的。天然有机物中主要含有水溶性腐殖质，同时还含有微生物分泌物、溶解的动物组织和动物的排泄物等。天然有机物虽为无毒物质，但在水治理中其危害不容忽视，主要表现在以下几个方面：

（1）天然有机物是水中主要的色度成因物质。

（2）天然有机物会妨碍水处理工艺对水中其他有机污染物的去除。天然有机物具有吸附性，易吸附在胶体和悬浮物表面。要达到水处理要求往往需要投加过量的混凝剂，从而增加了水处理成本。有时甚至会造成某些有机污染物无法去除，如硝基苯等。

（3）天然有机物中含有的腐植酸和富里酸等有机物，在水处理工艺中经预氯化或后氯化消毒过程中氯会与水中这些有机物反应产生消毒副产物。研究表明，它们是形成消毒副产物三卤甲烷和卤乙酸的主要因素[1-3]。国内外对消毒副产物的致癌、致突变、致畸性进行了大量的调查研究，确认三卤甲烷与直肠、结肠等消化系统癌症有关[4, 5]。

（4）天然有机物会对饮用水的生物稳定性产生不利影响。它们会为细菌的滋生提供营养，还会腐蚀管壁，造成铁屑和重金属离子溶入水中，造成二次污染。这不仅会导致饮水变成非生物稳定性的水，同时将影响到管网的使用寿命[6]。

腐殖质（Humic Substance）是天然有机物的主要成分，是一种广泛存在于水体、土壤中的高分子聚合物。在地表水中，腐殖质含量较高，是水体色度的主要成分。腐殖质的分子量在 $10^2$～$10^6$ 范围内，大部分是胶体颗粒[7]。天然水体中溶解态腐殖质含量在 10 mg/L 左右，在溶解有机质中所占比例高达 90%，是天然水体中最主要的有机物。从其结构中可看到，腐殖质含有大量苯环、羧基、羟基等构成的发色团，在紫外可见光范围内随着波长的减小，其吸收值逐渐增加[8]。

根据其酸碱溶解度，腐殖质分为腐植酸（Humic Acid）、富里酸（Fulvic Acid）和腐黑物。腐植酸，相对于其他有机物质，具有独特的物理化学性质，主要表现在以下几个方面：

（1）胶体性质。腐植酸的主要官能团—COOH、—OH 等的氢离子能游离出来，而使其带负电性。同时，腐植酸具有表面积大，黏度较高和吸附能力强等特点。

（2）呈明显酸性。腐植酸中含有大量的酚羟基和羟基，这些物质会游离出氢离子，使水体呈酸性。

（3）比表面积大。腐植酸是一种以多元醌和多元酚作为芳香核心的高聚物，其结构呈现出多孔疏松的海绵结构，并具有很大的比表面积（337～340 $m^2/g$）。

（4）亲水性。

（5）易被氧化。腐植酸在氧化剂作用下可被氧化分解成小分子物质，甚至矿化。

### 3.3.1.1 腐植酸浓度对硝基苯降解效率的影响

无论是天然水体还是自来水中均含有较大比例的天然有机物，如腐植酸，这些物质对微量的有机污染物的降解可能产生较大的影响。通过投加腐植酸配制不同本底的反应液，微波功率为 300 W，考察在 20 mg/L 的 $H_2O_2$ 投加量下微波-$H_2O_2$体系对不同本底中相同初始浓度为 300 μg/L 硝基苯的氧化降解效果。以 $UV_{254}$ 的值表示腐植酸的投加量，结果如图 3-1 所示。

腐植酸的加入明显抑制了硝基苯的降解，而且随着本底有机物含量的增加，抑制作用更明显。水样 $UV_{254}$ 从 0.053 $cm^{-1}$ 上升到 0.195 $cm^{-1}$ 时，反应 24 min 后硝基苯去除率从 76%下降到 50%，而没有腐植酸的水样硝基苯去除率为 85%。造成这一现象的原因是，腐植酸在水中的浓度相对于硝基苯而言占显著优势，其本身与氧化剂的接触会消耗掉大量的氧化剂，和硝基苯形成竞争，所以对硝基苯的降解产生明显的抑制作用。

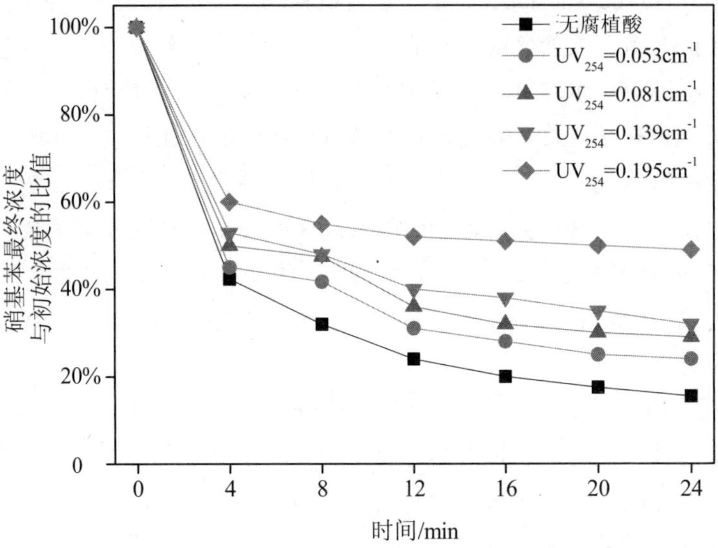


图 3-1 腐植酸对硝基苯降解效果的影响

同时，Alcantara-Garduno 等[9]提出，腐植酸既可能是自由基反应的引发剂，也可能是自由基反应的抑制剂。腐植酸，就其结构来讲，是一种以多元醌和多元酚作为芳香核心的高聚物，除含有大量苯环外，还有—OH、—COOH、C═O、$—NH_2$、$—CH_3$ 等官能团。腐植酸化学结构的复杂性和多样性，造成了其与氧化剂可以发生多样的化学反应。如含氧基团和芳香基团可能作为自由基引发部位，促进自由基的生成，而烷基基团和一些会吸附自由基的部位则可能因为捕获自由基而成为自由基反应的抑制剂。

本实验中随着腐植酸浓度的增加，其与 $H_2O_2$ 及 ·OH 的反应速率相应有所提高。同时作为自由基链反应的引发剂和促进剂，腐植酸浓度的增加也将会加快引发 $H_2O_2$ 的分解和 ·OH 的生成。但是从总体上分析，腐植酸消耗水中氧化活性物质的作用要远大于其作为自由基链反应的引发剂和促进剂的作用，所以整体上还是显现出腐植酸与水中的氧化的反应速率大大加快，消耗了大量的氧化剂，和硝基苯起了竞争反应，对微波-$H_2O_2$ 体系氧化降解硝基苯显现明显的抑制作用。

### 3.3.1.2　腐植酸存在下 $H_2O_2$ 投加量对硝基苯降解效率的影响

配制原水，考察腐植酸存在下 $H_2O_2$ 投加量对硝基苯降解效率的影响。以 TOC 和 $UV_{254}$ 的值表示腐植酸的投加量。本试验中本底有机物含量 TOC 值为 7.983 mg/L，$UV_{254}$ 值为 0.195 $cm^{-1}$。微波功率为 300 W，硝基苯初始质量浓度为 300 μg/L，考察在 20 mg/L、40 mg/L 和 60 mg/L 的 $H_2O_2$ 投加量下硝基苯去除率随反应时间的变化，结果见图 3-2。

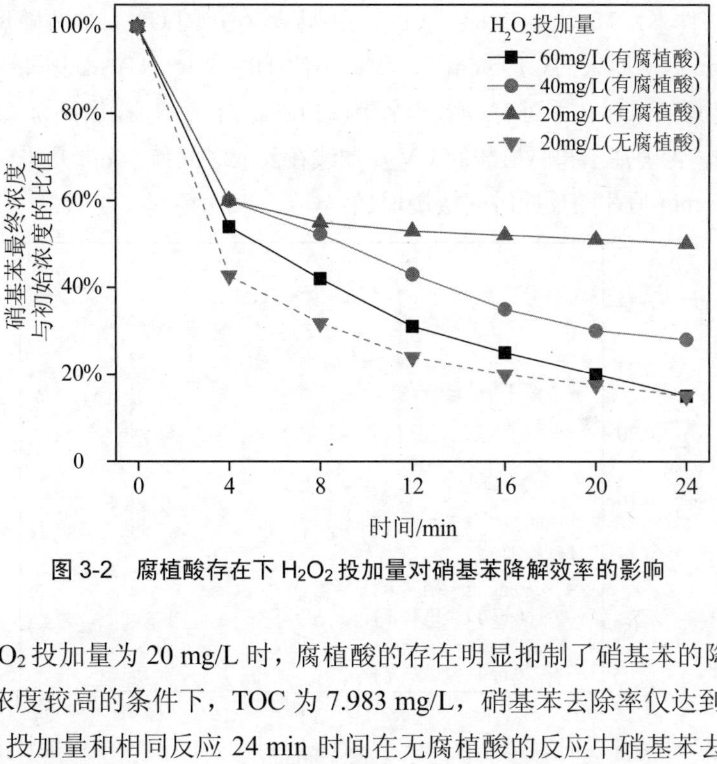


图 3-2　腐植酸存在下 $H_2O_2$ 投加量对硝基苯降解效率的影响

当 $H_2O_2$ 投加量为 20 mg/L 时，腐植酸的存在明显抑制了硝基苯的降解。在本底有机物浓度较高的条件下，TOC 为 7.983 mg/L，硝基苯去除率仅达到 50%，而相同 $H_2O_2$ 投加量和相同反应 24 min 时间在无腐植酸的反应中硝基苯去除率高达 85%。图 3-2 同样表明，增加 $H_2O_2$ 投加量可以改善硝基苯去除率。当 $H_2O_2$ 投加量增加到 60 mg/L 时，反应 24 min 后，硝基苯去除率提高至 85%，和无腐植酸存在时 $H_2O_2$ 投加量为 20 mg/L 的降解效果相同。因此，在存在腐植酸的本底中，要获得更好的硝基苯去除效果可以通过增加 $H_2O_2$ 投加量来获得。

在该试验中，腐植酸在水中的浓度相对于硝基苯而言占显著优势，虽然腐植酸可以引发 · OH 的生产，但是本身与水中的氧化剂的接触及反应机会远大于硝基苯，消耗了大量的氧化剂，和硝基苯形成竞争，所以对于微波-$H_2O_2$ 降解硝基苯的反应显现比较明显的抑制作用。同时，从试验结果中看出，要达到硝基苯更好的去除效果，可以通过增加 $H_2O_2$ 投加量来实现。

#### 3.3.1.3 腐植酸存在时水中 $UV_{254}$ 和 TOC 的变化

$UV_{254}$ 可作为总有机碳（TOC）、溶解性有机碳（DOC）以及三卤甲烷（THMs）的前驱物（THMFP）的替代参数，是衡量水中有机物指标的一项重要控制参数[10]。$UV_{254}$ 的变化可用来代表水中有机物的变化。从图 3-3 可以看出，在本底有机物浓度较高的条件下，TOC 为 7.983 mg/L，无硝基苯存在的 $UV_{254}$ 曲线随反应时间而下降，24 min 后从原来的 0.195 $cm^{-1}$ 达到最小值 0.093 $cm^{-1}$，$UV_{254}$ 去除率达 52.3%。这表明，微波-$H_2O_2$ 体系可有效降解水中腐植酸。当 $H_2O_2$ 投加量为 20 mg/L 和 40 mg/L 时，含硝基苯和腐植酸的 $UV_{254}$ 曲线在反应时间前 8 min 几乎处于平直状态，反应 8 min 后才随反应时间缓慢增加。

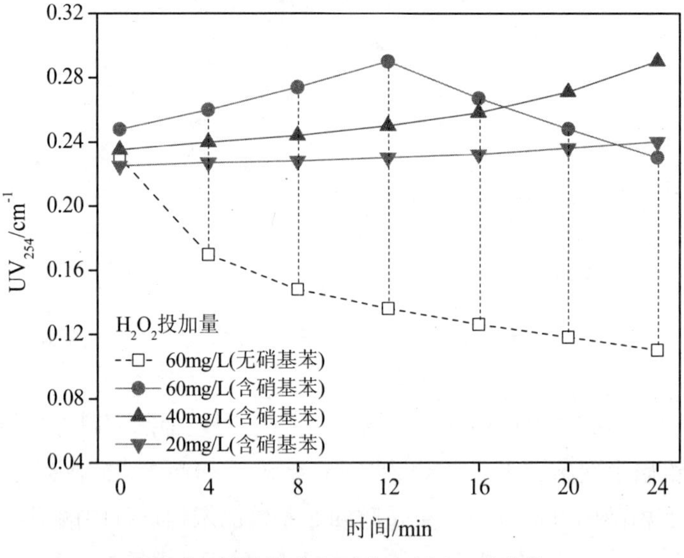


图 3-3 腐植酸存在时水中 $UV_{254}$ 的变化

对这一现象可解释为，在前 8 min 的反应中，$H_2O_2$ 的消耗量和硝基苯的转化率对 $UV_{254}$ 的影响几乎等同于硝基苯降解中间产物生成量的影响，故 $UV_{254}$ 曲线几乎为平直的。随着反应的进行，越来越多的中间产物不断累积，其累积量对 $UV_{254}$ 的影响逐步大于 $H_2O_2$ 消耗量和硝基苯的转化率对 $UV_{254}$ 的影响，在 $UV_{254}$ 中表现为曲线的上升。

图 3-3 还表明，增加 $H_2O_2$ 投加量为 60 mg/L 时，含硝基苯的 $UV_{254}$ 曲线先上升，反应 12 min 达到最高点后转为下降。在含有腐植酸和硝基苯的水样中，$UV_{254}$ 是先变大后变小，这说明反应 12 min 前 $H_2O_2$ 消耗量和硝基苯的转化量对 $UV_{254}$ 的影响小于硝基苯中间产物的，即那些能在 $UV_{254}$ 中有强吸收性能的物质对 $UV_{254}$ 的影响。有硝基苯水样的 $UV_{254}$ 与无硝基苯水样的 $UV_{254}$ 差值由 0～12 min 的急剧增大，而 12～24 min 逐渐缓慢减小。从 $UV_{254}$ 的下降表明，当增加 $H_2O_2$ 投加量到 60 mg/L 时，中间产物有部分被降解。

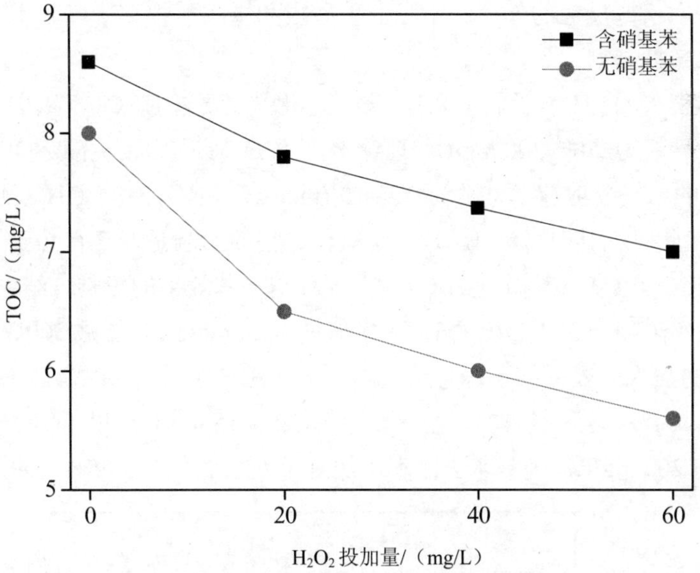


图 3-4　水中 TOC 随 $H_2O_2$ 投加量的变化

图 3-4 给出了在不同 $H_2O_2$ 投加量条件下，反应时间为 24 min 时，微波-$H_2O_2$ 体系对仅含腐植酸水样和同时含腐植酸和硝基苯的水样进行降解后，TOC 的变化情况。从图中可看出，在不含硝基苯的水样中，反应 24 min 后，微波-$H_2O_2$ 体系对 TOC 的去除率达 29%。而对同时含有硝基苯和腐植酸的水样，TOC 去除率仅为 17%。TOC 代表水中有机物的总量，而 $UV_{254}$ 反映水中芳香族或具有不饱和构造有机物的存在。通过对图 3-3 和图 3-4 的分析表明，微波-$H_2O_2$ 对水中硝基苯的降解，主要是通过在一定程度上改变了有机物的构造，其次才是直接将硝基苯彻底氧化降解。

### 3.3.2 重碳酸根离子对硝基苯降解效率的影响

根据物质对自由基反应的不同作用，一般天然水体中的物质成分可以分为自由基引发剂（Initiator）、自由基抑制剂（Inhibitor）和自由基促进剂（Promoter）。典型的自由基引发剂如 $H_2O_2$、$O_3$ 等，自由基促进剂有一些伯醇类、甲酸盐类等，自由基抑制剂是指在水中能够和自由基以相对去除物更快速度发生反应，消耗自由基，同时不能进一步生成自由基链反应中可促进自由基生成的物质，从而起到中断整个自由基链反应的作用。常见的碳酸根和重碳酸根离子、叔丁醇都是比较常见的自由基抑制剂。

天然地表水的 pH 一般低于 8.3，此时无机碳主要以 $HCO_3^-$（重碳酸根）形式存在，浓度一般为 50～200 mg/L。理论上，$HCO_3^-$是水中常见的·OH 清除剂，其与·OH 的二级反应速率常数为 $7.9\times10^7(\text{mol/L})^{-1}\cdot s^{-1}$，与·OH 反应后生成水和 $CO_3^-$，因此研究其对微波-$H_2O_2$ 系统氧化过程的影响是非常有必要的。本实验考察不同 $HCO_3^-$浓度下对微波-$H_2O_2$ 体系降解硝基苯效果的影响，结果见图 3-5。当硝基苯初始浓度为 300 μg/L 和 $H_2O_2$ 投加量为 20 mg/L 时，微波 300W 辐射 4 min 后，$HCO_3^-$的加入明显提高了硝基苯去除率。没有 $HCO_3^-$加入时微波-$H_2O_2$ 体系可去除硝基苯 57%，当分别向体系中加入 $HCO_3^-$ 15 mg/L、40 mg/L、70 mg/L、100 mg/L 和 200 mg/L，硝基苯去除率增加到了 60%、63%、65%、69%和 70%。

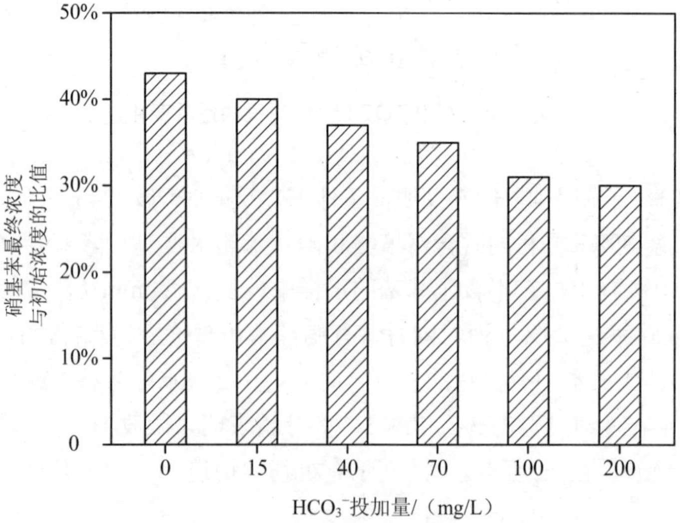


图 3-5 $HCO_3^-$对硝基苯降解效果的影响

虽然 $HCO_3^-$一直以来被认为是 · OH 清除剂，但该试验结果表明 $HCO_3^-$的存在并未抑制硝基苯的降解。前人研究中也发现了类似现象，比如，于颖慧等[11]研究 $O_3/H_2O_2$ 对氧化降解 2,4-D 中发现，$HCO_3^-$的存在促进了 2,4-D 的降解；马军等[12]在研究二价锰均相催化臭氧化降解农药莠去津时发现，较高浓度的 $HCO_3^-$对莠去津的降解影响很低。

碳酸盐广泛存在于实际水体中，研究高级氧化技术是否容易受到碳酸盐的抑制是十分重要的。在本实验中，微波-$H_2O_2$ 体系氧化降解硝基苯不仅不受 $HCO_3^-$的影响，$HCO_3^-$还促进硝基苯的降解，这一点有利于微波-$H_2O_2$ 技术在实际水体中的应用和推广。

### 3.3.3 不同水质背景对微波-$H_2O_2$体系降解水中硝基苯的影响

图 3-6 对比了微波-$H_2O_2$ 体系在自来水和蒸馏水两种不同的本底成分条件下，对水中硝基苯的氧化降解效果。可以看出，自来水本底条件下硝基苯的降解速率明显好于蒸馏水条件下的。当硝基苯初始浓度为 300 μg/L，$H_2O_2$ 投加量为 20 mg/L，反应时间为 4 min 时，微波-$H_2O_2$ 体系在蒸馏水本底条件下对水中硝基苯的去除率只有 57%，而自来水本底条件下却使水中硝基苯的去除率达到 65%，两者相差 8%。

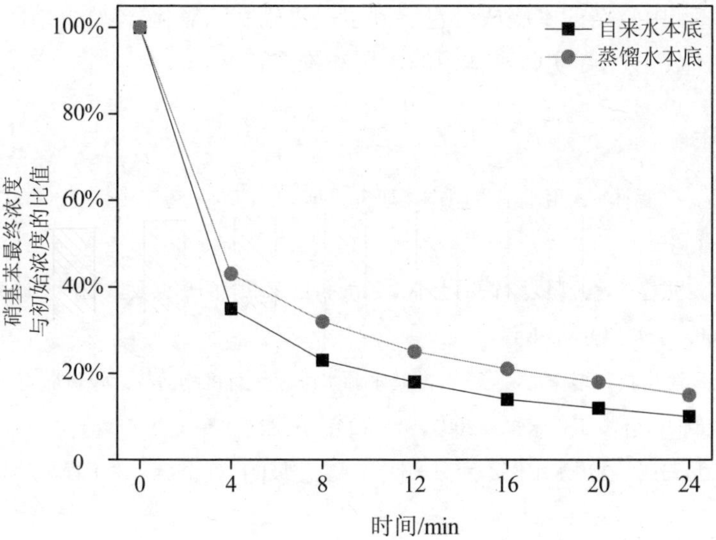


图 3-6 不同水质背景对微波-$H_2O_2$ 体系降解水中硝基苯的影响

造成这一现象的原因是自来水中复杂的杂质成分。自来水中含有各种无机离子、有机物、腐植酸等，这些物质中会有一些能起到自由基引发剂和促进剂的作用成分，也有一些起到自由基抑制剂作用的成分。从图 3-6 可看出，本实验中自来水复杂的本底成分不但没有抑制硝基苯的氧化反应，反而起到了促进硝基苯氧化降解的作用。可初步推测是由于自来水中能起到自由基引发剂和促进剂的杂质成分对反应的影响要大于自由基抑制剂的影响。

## 3.4 小 结

水体中常见物质对水中微量有机污染物的去除可能会产生较大的影响。因此，研究水体中常见物质对微波-$H_2O_2$ 体系氧化降解水中硝基苯的影响是非常有必要的。本章选择水体中典型常见物质，腐植酸、碳酸盐及自来水底进行研究。其结果表明，腐植酸对微波-$H_2O_2$ 体系氧化降解硝基苯有显著的抑制作用，其抑制作用随腐植酸浓度增大而增大。在水中存在腐植酸的条件下，可通过增加 $H_2O_2$ 投加量来提高水中硝基苯的去除率。当水中存在碳酸盐时，微波-$H_2O_2$ 体系氧化降解硝基苯的进程不但未受到抑制，$HCO_3^-$反而在一定程度上促进了硝基苯的降解。同时，自来水中复杂的本底成分也起到了促进硝基苯氧化降解的作用。这几点有利于微波-$H_2O_2$ 技术在实际水体中的应用和推广。

## 参考文献


[1] 鲁文清，刘爱林. 饮用水消毒副产物研究进展[J]. 癌变・畸变・突变，2007，19（3）：181-183.

[2] 陈萍萍，张建英，金坚袁. 饮用水中卤乙酸和三卤甲烷的形成及影响因素研究[J]. 环境化学，2005，24（4）：434-437.

[3] 焦中志，陈忠林，李作良，等. 南方某水源水中天然有机物的特点及氯胺对氧化消毒副产物的控制[J]. 环境工程学报，2007，1（12）：79-82.

[4] 向红，吕锡武. 饮用水中卤乙酸致癌性的研究进展[J]. 安全与环境工程，2008，15（1）：17-21.

[5] 张晓健，李爽. 消毒副产物总致癌风险的首要指标参数——卤乙酸[J]. 给水排水，2000，26（8）：1-6.

[6] 方华. 饮用水生物稳定性和净水工艺对有机物去除的研究[M]. 博士学位论文：东南大学环境工程，2006.

[7] 金鹏康，王晓昌，白帆. 腐植酸臭氧氧化和过氧化氢催化氧化处理特性比较[J]. 环境化学，2005，24（5）：533-537.

[8] 金鹏康，王晓昌，王洪波，等. 水中腐植酸的臭氧化特性研究[J]. 西安建筑科技大学学报，2000，32（4）：334-337.

[9] Alcantara-Garduno M E，Okuda T，Nishijima W，et al. Ozonation of trichloroethylene in acetic acid solution with soluble and solid humic acid [J]. Journal of Hazardous Materials，2008，160（2-3）：662-667.

[10] 蒋绍阶，刘宗源. $UV_{254}$作为水处理中有机物控制指标的意义[J]. 重庆建筑大学学报，2002，24（2）：61-65.

[11] 于颖慧，侯艳君，高金胜，等. 水中本底成分对$O_3/H_2O_2$氧化降解 2，4-D 的影响[J]. 环境科学学报，2007，27（8）：1311-1316.

[12] Ma J，Graham N J D. Degradation of atrazine by manganese-catalysed ozonation—influence of radical scavengers [J]. Water Research，2000，34（15）：3822-3828.

# 第 4 章　微波-$H_2O_2$ 体系中硝基苯氧化降解的产物及其途径

## 4.1　研究内容

本章分析微波-$H_2O_2$ 体系对水中硝基苯的氧化降解中间产物，并探讨可能的硝基苯氧化降解途径，以期提出微波-$H_2O_2$ 体系处理水中硝基苯的降解机理，为该体系的深入研究提供一定的理论参考。

## 4.2　试验方法

（1）自由基捕获剂叔丁醇对硝基苯去除效能的影响

在 4 个大烧杯中注入 2L 蒸馏水作为反应液，向各个大烧杯中投加不同体积的分析纯叔丁醇溶液，使反应液中相应的叔丁醇浓度分别为 0、5 mg/L、15 mg/L 和 50 mg/L。后向配制好的叔丁醇反应液加入一定量硝基苯和 $H_2O_2$，使反应液中相应的硝基苯和 $H_2O_2$ 浓度分别为 300 μg/L 和 20 mg/L。将反应液注入反应器中，在功率为 300 W 的微波辐射下进行，并利用冷却装置控制反应温度在 50℃±2℃内，研究自由基捕获剂叔丁醇对微波-$H_2O_2$ 体系降解水中硝基苯的影响。

（2）硝基苯氧化降解中间产物的定性分析

由于反应后反应液中的产物浓度很低，考虑到 GC-MS 分析的浓度极限和精度，为保证分析的准确度，将本试验中利用蒸馏水配制的反应液硝基苯初始浓度定为 5 mg/L，$H_2O_2$ 投加量定为 350 mg/L。将反应液注入反应器中，在功率为 300 W 的微波辐射下进行，并利用冷却装置控制反应温度在 50℃±2℃内，反应 15 min 后取出 2 L 水样。对水样进行相应处理，后注入 GC-MS 中进行检测。

## 4.3 试验结果

### 4.3.1 自由基捕获剂叔丁醇对硝基苯去除效能的影响

叔丁醇是一种很强的自由基抑制剂，其与 · OH 的反应速率常数为 $6\times10^8(mol/L)^{-1}\cdot s^{-1}$，而与 $H_2O_2$ 的反应速率常数只有 $3\times10^{-3}(mol/L)^{-1}\cdot s^{-1}$。同时，硝基苯与 · OH 的反应速率常数只有（2.1±1.8）$\times10^8(mol/L)^{-1}\cdot s^{-1}$。本实验考察叔丁醇对蒸馏水中硝基苯去除效能的影响，以确定 · OH 是否为反应中起到主要氧化作用的活性物质。

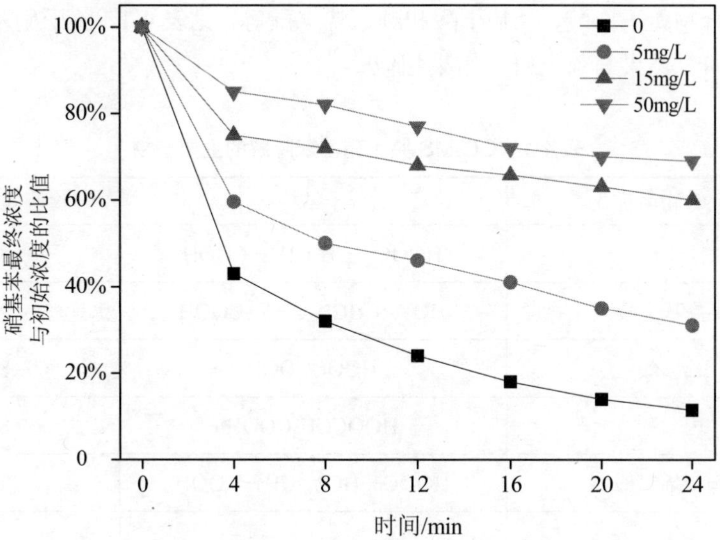


**图 4-1 叔丁醇对微波-$H_2O_2$ 体系去除蒸馏水中硝基苯效能的影响**

图 4-1 为不同叔丁醇投加量下，硝基苯去除率随时间的变化情况。从图中可以明显看出，当硝基苯初始浓度为 300 μg/L 和 $H_2O_2$ 投加量为 20 mg/L 时，微波 300W 辐射 24 min 后，叔丁醇对反应有很大的抑制影响，不投加叔丁醇的时候微波-$H_2O_2$ 体系可以降解硝基苯降到 88.5%，当叔丁醇投加量增加到 15 mg/L 和 50 mg/L 时，硝基苯去除率分别降到 40%和 31%。叔丁醇与 · OH 的反应相对于硝基苯与自由基的反应快速，会快速地消耗掉大量的 · OH，从而对微波-$H_2O_2$ 体系

降解硝基苯产生明显的抑制作用。这一现象可推导出微波-$H_2O_2$ 体系降解硝基苯中·OH 是主要的氧化反应的活性物质。

### 4.3.2 硝基苯的氧化降解产物分析

在研究腐植酸存在下 $UV_{254}$ 的变化中，$UV_{254}$ 的变化表明，在硝基苯氧化降解过程中有可吸收波长为 254nm 紫外线的物质生成，并可推导出该物质是含有苯环的芳香族化合物。为了收集有助于了解硝基苯的氧化降解过程中形成产物更为准确的信息，进一步利用 GC-MS 气质联用仪来识别分析降解产物，对主要反应产物进行定性分析。

从 GC-MS 分析和 NIST 谱库检索结果表明，这些有机物主要为含苯环的硝基苯酚类化合物，如邻间对硝基苯酚、硝基邻苯二酚和羟基硝基苯等，以及开环的羧酸类化合物如丁二酸、羟基丁酸和顺丁烯二酸等，见表 4-1。关于硝基苯氧化降解产物的研究结果与前人研究结果相似[1, 2]。

表 4-1 GC-MS 鉴定硝基苯降解的主要产物

| 化合物名称 | 分子结构式 | 检测匹配度/% |
|---|---|---|
| 丁二酸 | $HOOC—CH_2CH_2—COOH$ | 80 |
| 4-羟基丁酸 | $HO=CHCH_2CH_2—COOH$ | 92 |
| 乙二酸 | HOOCCOOH | 85 |
| 丙二酸 | $HOOCCH_2COOH$ | 89 |
| 顺丁烯二酸 | HOOC—HC=CH—COOH | 72 |
| 苯酚 | 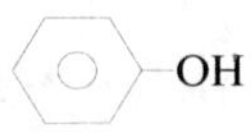 | 95 |
| 对硝基苯酚 | 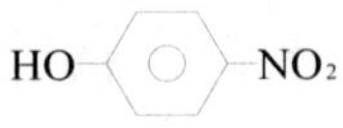 | 90 |
| 邻硝基苯酚 | 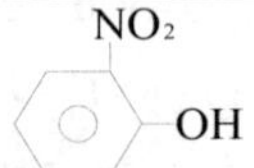 | 83 |
| 间硝基苯酚 | 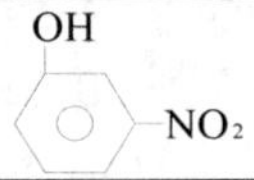 | 80 |

| 化合物名称 | 分子结构式 | 检测匹配度/% |
| --- | --- | --- |
| 4-硝基-1,2-邻苯二酚 | 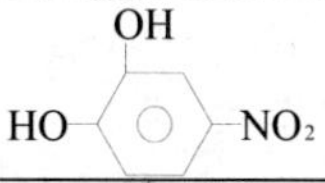 | 96 |
| 3-硝基-1,2-邻苯二酚 | 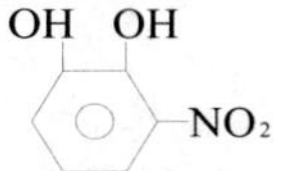 | 86 |
| 2,4,6-三羟基硝基苯 | 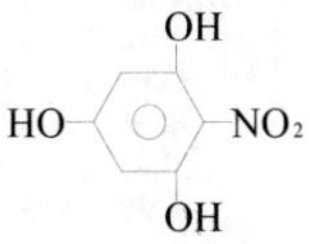 | 98 |
| 3,4,5-三羟基硝基苯 | 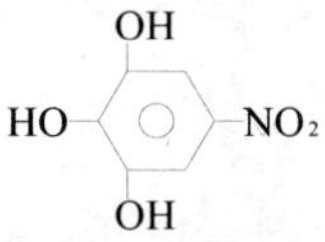 | 84 |

### 4.3.3　微波-$H_2O_2$体系对水中硝基苯的氧化降解途径

#### 4.3.3.1　苯环上取代反应的定位效应及反应活性

（1）定位效应

苯环上 6 个氢原子是等同的，它的一取代产物只有一种。苯环上已有一个取代基，环上剩余的 5 个氢原子，两个在邻位，一个在对位，应生成三种取代物。如 5 个位置的反应速度相同，则其二取代物的比例应为：邻∶间∶对=2∶2∶1。实际情况如何呢？甲苯与硝基苯硝化时如图 4-2 所示。

甲苯主要生成邻位、对位取代产物，硝基苯主要生成间位取代产物。可见第二个取代基进入的位置，与亲电试剂的类型无关，仅与环上原有取代基的性质有关，受环上原有取代基的控制。这种效应为定位效应（orientation effect）。

由表 4-2 中产物的比例可见，取代基效应大致可分为两类：

1）邻对位定位基

第一类定位基为邻对位定位基，它们使第二个取代基主要进入它的邻对位。常见的邻对位定位基有：—$NR_2$、—NHR、—$NH_2$、—OH、—OR、—R、—Ar、—X（F、Cl、Br、I）。这类基团一般与苯以单键相连，除烃基外，通常与苯相连的原子（如 N、O、X）带有未成键的电子对。

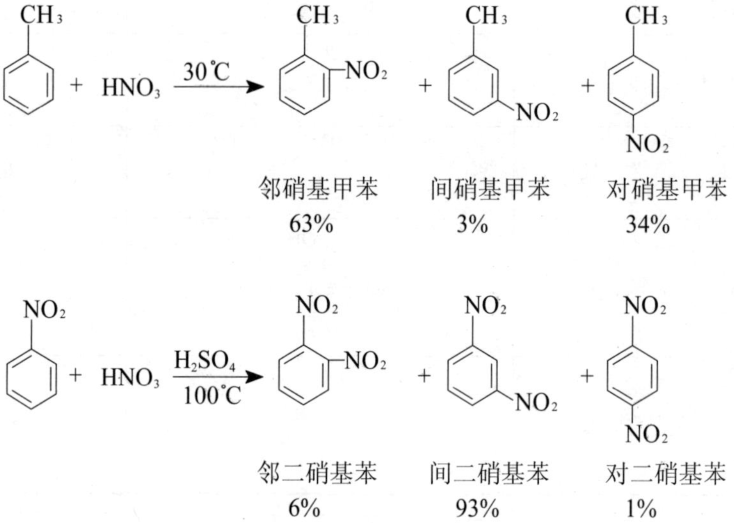


图 4-2 甲苯与硝基苯的硝化反应

表 4-2 某些一取代苯硝化产物的比例

单位：%

| 取代基 | *o-* | *m-* | *p-* | *o+p/m* |
|---|---|---|---|---|
| —OH | 55 | | 45 | 100/0 |
| —NHCOCH$_3$ | 19 | 1 | 80 | 99/1 |
| —CH$_3$ | 63 | 3 | 34 | 97/3 |
| —Cl | 30 | 1 | 69 | 99/1 |
| —Br | 37 | 1 | 62 | 99/1 |
| —NO$_2$ | 6 | 93 | 1 | 7/93 |
| —CO$_2$C$_2$H$_5$ | 28 | 68 | 4 | 32/68 |
| —N(CH$_3$)$_3$ | 0 | 89 | 11 | 11/89 |
| —COOH | 19 | 80 | 1 | 20/80 |
| —SO$_3$H | 21 | 72 | 7 | 28/72 |
| —CF$_3$ | 0 | 100 | 0 | 0/100 |

2）间位定位基

第二类定位基为间位定位基，它们使第二个基团主要进入它的间位。常见的第二类定位基有：—$NO_2$、—$CF_3$、—$SO_3H$、—CHO、—COOH、—CN、—COR。

这些基团与苯环相连的原子上有极性双键，或带有正电荷。另一些强拉电子基团如—$CF_3$、—$CCl_3$，也是第二类定位基。

（2）活化与钝化作用

甲苯及硝基苯硝化时除产物不同外，它们进行亲电取代的活性也不同。甲苯硝化的速度为苯的 25 倍，硝基苯继续硝化的速度为苯的 $6\times10^{-8}$（表 4-3）[3]。甲基使苯环活化，硝基使苯环钝化。

表 4-3 一取代苯硝化的相对速度

| 取代基 | 相对速度 | 取代基 | 相对速度 |
|---|---|---|---|
| —$N(CH_3)_2$ | $2\times10^{11}$ | —Cl | 0.033 |
| —$OCH_3$ | $2\times10^{5}$ | —Br | 0.030 |
| —$CH_3$ | 24.5 | —$NO_2$ | $6\times10^{-8}$ |
| —$C(CH_3)_3$ | 15.5 | —N（$CH_3$）$_3$ | $1.2\times10^{-8}$ |
| —H | 1.0 | | |

从表 4-3 中的数据可见，基团对苯环的影响十分明显，硝基苯活性仅约为苯的六亿分之一。

根据试验数据将取代基对苯环活性影响的能力排列如下：

强烈活化：—NHR、—$NR_2$、—OH

中等活化：—NHCOR、—OR、

弱活化：—R—Ar

弱钝化：—F、—Cl、—Br、—I

钝化：—$CF_3$、—$NO_2$、—COOH、—CHO、—CN、—$CONR_2$、—$SO_3H$

所谓活化及钝化，是指取代苯与苯在取代反应中的相对速度。甲基活化苯环，表示甲苯反应速度比苯快。硝基钝化苯环，表示硝基苯反应速度比苯慢。反应的速度与反应的历程密切相关。在苯的亲电取代反应的两步历程中，一般来说，亲电试剂进攻苯环，形成碳正离子中间体的一步是速度决定步骤。

（3）定位效应及活化作用的解释

定位效应与活化作用一样，也涉及反应速度问题。它是指在取代苯上不同位置反应的相对速度。

第一类定位基是给电子基团，可活化苯环，但它对邻对位的活化作用大于间位，因此邻对位的反应速度比间位的快，它是邻对位定位基。

第二类定位基是使苯环钝化的间位定位基。含极性双键的基团，如—$NO_2$，由于极性双键的拉电子作用，使与苯相连的原子上带有正电荷，它们也是拉电子的。这几类基团均使苯环钝化，但它们对苯环邻对位的钝化作用大于间位，相比之下间位取代速度比邻对位快。下面结合硝基苯的反应，说明这种影响的差别。硝基苯受亲电试剂进攻，有 3 种位置，见图 4-3。

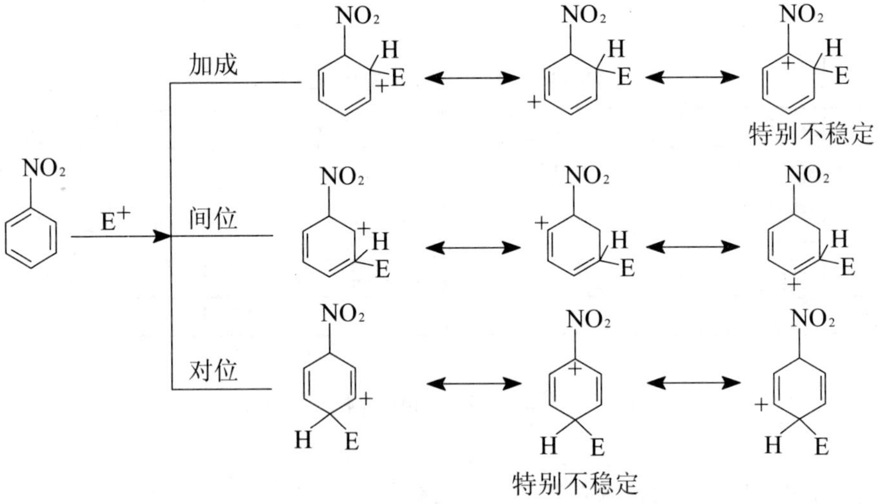


**图 4-3　硝基苯受亲电试剂进攻的反应途径**

虽然每种位置都有 3 个共振式，但在进攻邻或对位时，都有一个特别不稳定的共振式。它们之所以不稳定，是由于带正电荷的碳与拉电子的硝基直接相连，其他的共振式总是相隔一个或两个碳。由它们参与组成的邻对位的共振杂化体的稳定性不如间位（图 4-4）。或者说，硝基对间位的钝化作用小于邻对位，因此间位反应速度快，硝基是间位定位基。

#### 4.3.3.2　水中硝基苯的氧化降解途径

硝基苯，即苯分子中一个氢原子被硝基取代而生成的化合物。硝基是强钝化基，硝基苯须在较强的条件下才能发生亲电取代反应，生成间位产物。同时，硝基苯具有弱氧化作用，可用作氧化脱氢的氧化剂。这些中间体可能是有·OH 的加成反应和脱氢反应形成的，而不是由氧化剂 $H_2O_2$ 造成的。因为硝基苯中硝基（—$NO_2$）的吸电子性能，苯环上的电子云密度下降，使氧化酶的亲电子攻击受阻。硝基的吸电子效应，使得苯环缺电子而钝化。因此，$H_2O_2$ 分子直接攻击苯环非常难。

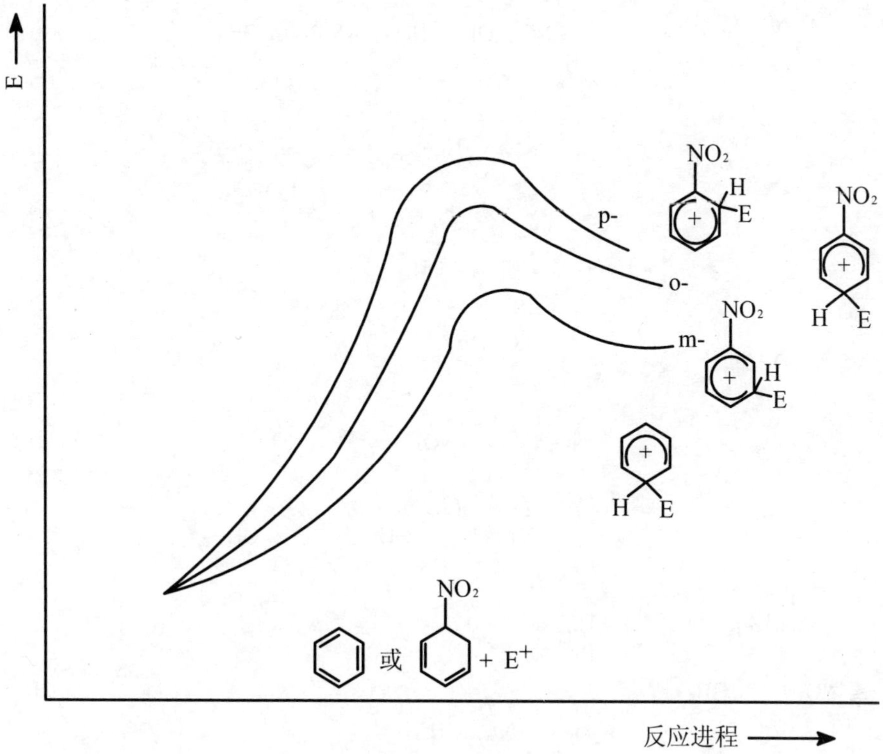


**图 4-4 硝基苯的亲电取代反应能量**

与 $H_2O_2$ 不同的是，· OH 含有孤对电子，自身具有亲电子的性能。与一般的亲电试剂不同的是，· OH 具有很高的电子亲和能（569.3 kJ/mol），远大于形成各种硝基苯降解中间体所需要的活化能，使得 · OH 与苯环反应并不服从一般的定位规律，即不一定生成间位产物[3]。与有机物反应一般具有 3 种形式，即 · OH 加成反应、脱氢反应和电子转移。

图 4-5 是硝基苯氧化降解示意图，在此假设 ·OH 与硝基苯可以同时发生加成和脱氢反应。· OH 与苯环加成形成类似于亲电反应的 π 络合物，然后 · OH 进一步与苯环的一个碳原子直接连接，形成类似σ 络合物。由于电子的离域作用，形成环己二烯自由基中间体[4, 5]。图 4-5 中① ～⑨ 即为可能的硝基环己二烯自由基中间体，①、②、③、④、⑤、⑥、⑦、⑧、⑨和⑩为各自的共振形式，其中①

和③是等价的。这些硝基环己二烯自由基中间体很快失去一个 $H_2O$ 或 $HNO_3$ 形成硝基苯自由基或苯自由基（图 4-5 中⑩和⑪）。

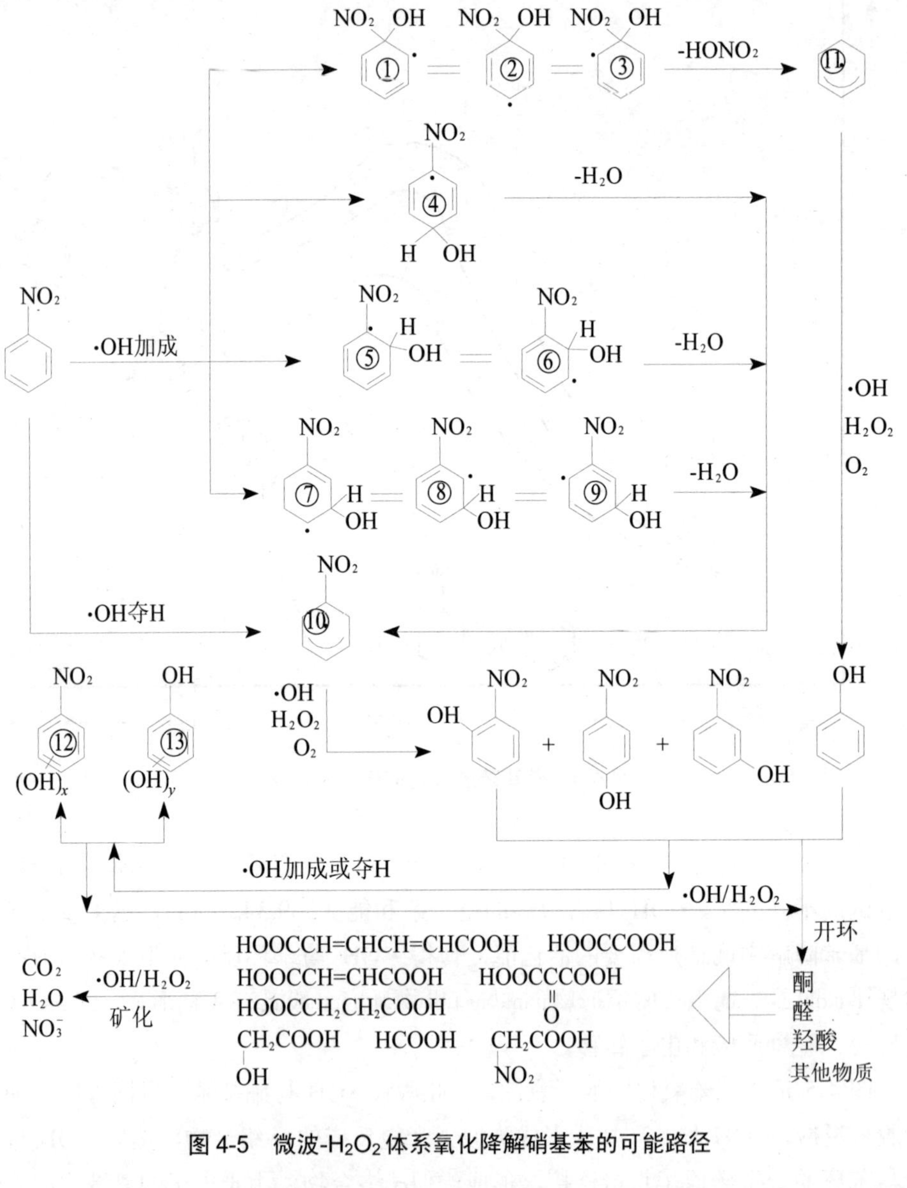


图 4-5 微波-$H_2O_2$ 体系氧化降解硝基苯的可能路径

· OH 也有可能与硝基苯直接发生脱氢反应，生成硝基苯自由基。这些硝基苯自由基立即与水中大量存在的 $O_2$、$H_2O_2$、· OH 等结合，然后形成几种酚类物质。这些酚类物质再发生类似的反应形成多羟基物质。然后这些物质在 $O_2$、$H_2O_2$、•OH 的作用下使芳香环开环，形成烯酸物质，烯酸物质氧化形成小分子酮、醛、羧酸，或被氧化剂进一步矿化形成 $CO_2$ 和 $H_2O$。

## 4.4 小　结

利用自由基抑制剂叔丁醇证实了在微波-$H_2O_2$ 体系氧化降解水中硝基苯过程中，•OH 是主要的氧化反应的活性物质，而非氧化剂 $H_2O_2$。通过气质联用仪对硝基苯的降解产物进行了分析，确认了邻间对硝基苯酚、硝基邻苯二酚和羟基硝基苯等，以及开环的羧酸类化合物如丁二酸、羟基丁酸和顺丁烯二酸等中间产物的存在。此基础上提出了硝基苯的可能降解途径，证明了微波-$H_2O_2$ 体系氧化降解水中硝基苯遵循自由基控制机理。

## 参考文献


[1] 常江，陈晖. 纳米 $TiO_2$ 光催化降解硝基苯酚类污染物动力学及机理的研究[J]. 环境工程学报，2009，3（1）：43-46.

[2] 沈吉敏，陈忠林，李学艳，等. $O_3/H_2O_2$ 去除水中硝基苯效果与机理[J]. 环境科学，2006，27（9）：1791-1797.

[3] Scheck C K，Frimmel F H. Degradation of phenol and salicylic acid by ultraviolet radiation/hydrogen peroxide/oxygen [J]. Water Research，1995，29（10）：2346-2352.

[4] Qiu Y，Kuo C H，Zappi M E，et al. Ozonation of 2，6，3，4-，and 3，5-Dichllorophenol isomers within aqueous solutions [J]. Journal of Environmental Engineering，1999，125（5）：441-450.

[5] Staehelin J，Ruhler R E，Hoigne J，et al. Ozone decomposition in water studied by pulse radiolysis. 2. OH and $HO_4$ as chain intermediates [J]. Journal of Physical Chemistry，1984，88（24）：5999-6004.

# 第 5 章　氢基质自养微生物还原降解水中对氯硝基苯的研究

## 5.1　研究内容

根据文献报道，在环境中能驯化或筛选出特殊微生物用于降解对氯硝基苯（*p*-CNB）。本章的主要研究内容是培养和驯化出具有反硝化性能的氢自养混合细菌，同时考察这类混合细菌是否具有生物还原 *p*-CNB 的能力，并分析不同因素对生物还原过程的影响。

## 5.2　试验方法

### 5.2.1　氢自养菌培养与驯化

实验用接种细菌来自于本实验室连续处理硝酸盐地下水超过 100 d 的氢基质生物膜反应器（MBfR）中膜表面的细菌，所以微生物的反硝化能力较强[1]。取下来的生物膜样品与无菌水混匀，经过超声波打碎，再将混合液于 7 000 *g* 条件下冷冻离心 10 min，产生的悬浊液为接种菌液。将适量接种菌液添加到 400 mL 的摇瓶中，向水样中添加适量的硝酸钠使硝酸盐的初始浓度为 5 mg/L 左右，初始 pH 调为 7.2，维持顶空氢气压力为 0.04 MPa，然后将摇瓶置于恒温振荡培养箱内驯化培养（30℃）。驯化培养至硝酸盐彻底还原后，取 50 mL 菌体接种于含 150 mL 新鲜模拟培养基中，适当调节反应体系中硝酸盐浓度，使硝酸盐浓度在 5～10 mg/L，调节 pH 至 7.2 左右。然后，将反应器置于恒温振荡培养箱中进行第二轮驯化培养，直到硝酸盐完全还原。反复进行上述步骤，直到硝酸盐的去除速率达到恒定后认为氢自养菌驯化完成。经过反复驯化和培养，生物量增加并且对硝酸盐具有很强的反硝化活性。在此具有反硝化活性的混合氢自养细菌的基础上，通过添加目标污染物对氯硝基苯，考察是否能顺利进行还原反应和正常的代谢生长。

### 5.2.2　生物还原的可行性试验

经过驯化好的氢自养细菌用于验证是否能还原对氯硝基苯，具体实验条件见表 5-1。每隔一段时间进行取样，考察摇瓶内污染物浓度和细菌密度（生物量）的动态变化。

表 5-1　批式可行性试验条件

<table>
<tr><th colspan="2"></th><th>氢分压/MPa</th><th>p-CNB/（mg/L）</th><th>pH</th><th>温度/℃</th></tr>
<tr><td colspan="2">实验组</td><td>0.04</td><td>2</td><td>7.2</td><td>30</td></tr>
<tr><td rowspan="3">对照组</td><td>无底物</td><td>0.04</td><td>0</td><td>7.2</td><td>30</td></tr>
<tr><td>微生物灭活</td><td>0.04</td><td>2</td><td>7.2</td><td>30</td></tr>
<tr><td>无氢气</td><td>0</td><td>2</td><td>7.2</td><td>30</td></tr>
</table>

### 5.2.3　影响因素研究

氢自养生物还原过程中必须要考虑的影响因素有氢气压力、初始污染物浓度、硝酸盐浓度、硫酸盐浓度和 pH。为了考察各因素的影响，一般固定其他 4 个因素，变化其中 1 个因素的水平值。为了确保准确性，每一组实验设置 3 个平行。具体影响因素设计见表 5-2。

表 5-2　对氯硝基苯还原的影响因素

<table>
<tr><th></th><th>氢分压/MPa</th><th>硝酸盐/（mg/L）</th><th>硫酸盐/（mg/L）</th><th>p-CNB/（mg/L）</th><th>pH</th></tr>
<tr><td rowspan="4">氢分压</td><td>0.05</td><td rowspan="4">0</td><td rowspan="4">0</td><td rowspan="4">2</td><td rowspan="4">7.2</td></tr>
<tr><td>0.04</td></tr>
<tr><td>0.03</td></tr>
<tr><td>0.02</td></tr>
<tr><td rowspan="5">硝酸盐</td><td rowspan="5">0.04</td><td>0.5</td><td rowspan="5">0</td><td rowspan="5">2</td><td rowspan="5">7.2</td></tr>
<tr><td>5</td></tr>
<tr><td>10</td></tr>
<tr><td>20</td></tr>
<tr><td>50</td></tr>
</table>

| | 氢分压/MPa | 硝酸盐/（mg/L） | 硫酸盐/（mg/L） | p-CNB/（mg/L） | pH |
|---|---|---|---|---|---|
| 硫酸盐 | 0.04 | 0 | 10 | 2 | 7.2 |
| | | | 20 | | |
| | | | 50 | | |
| | | | 100 | | |
| *p*-CNB | 0.04 | 0 | 0 | 0.5 | 7.2 |
| | | | | 1 | |
| | | | | 2 | |
| | | | | 5 | |
| | | | | 10 | |
| pH | 0.04 | 0 | 0 | 2 | 6.5 |
| | | | | | 7.0 |
| | | | | | 7.5 |
| | | | | | 8.0 |
| | | | | | 9.0 |

## 5.3 试验结果

### 5.3.1 对氯硝基苯的还原可行性

经过驯化后的氢自养混合细菌添加 2.0 mg/L 的 *p*-CNB，进行氢自养菌生物还原 *p*-CNB 的可行性试验。实验做 3 次平行，并作 3 组空白对照。空白处理分别为添加 *p*-CNB 和氢气并对混合菌进行灭活处理、只接种混合菌和氢气不添加 *p*-CNB 以及添加活性细菌和 *p*-CNB 但不通入氢气（表 5-1）。各处理的反应溶液均调整 pH 为 7.2 左右，并每天测定出水浓度和细菌生物量。

当氢自养菌接种到含有 *p*-CNB 的基质溶液中以后，发现 *p*-CNB 可以作为电子受体被氢自养菌生物降解（图 5-1）。接种后 2 d 内，*p*-CNB 的去除速率达到最大[610 μg/（L·d）]，随着时间的延长，去除速率减小并逐渐趋于稳定[5 μg/（L·d）]。Susarla 等研究发现[2]，在厌氧环境中氯代硝基苯类的半衰期为 0.8～3.2 d，表明苯环上硝基还原较为迅速。当反应结束时（20 d），溶液中 *p*-CNB 浓度达到平衡，仅为 40 μg/L，去除率达 97.9%。反应过程中，对氯苯胺（*p*-CAN）浓度一直升高，20 d 后达到 870 μg/L。反应前 8 d，*p*-CAN 脱氯效果不明显，苯胺（AN）浓度基本维持在 100 μg/L 左右，但反应中后期 *p*-CAN 脱氯速率加快，至 20 d 时浓度为

960 μg/L。从整个反应过程来看，p-CAN 浓度一直增加，并无先积累后降低的趋势，说明其还原脱氯进行较缓慢。对照实验中，经过细菌灭活处理的摇瓶溶液中 p-CNB 浓度只有较小幅度的降低（20%），可能为生物固体物理吸附所导致。无氢气对照组中 p-CNB 的浓度虽有所减低，但是减低幅度不够大（40%），可能为细菌利用 p-CNB 进行厌氧异养生长代谢的结果。对照实验结果表明，p-CNB 浓度的降低主要为氢自养菌生物还原的结果。

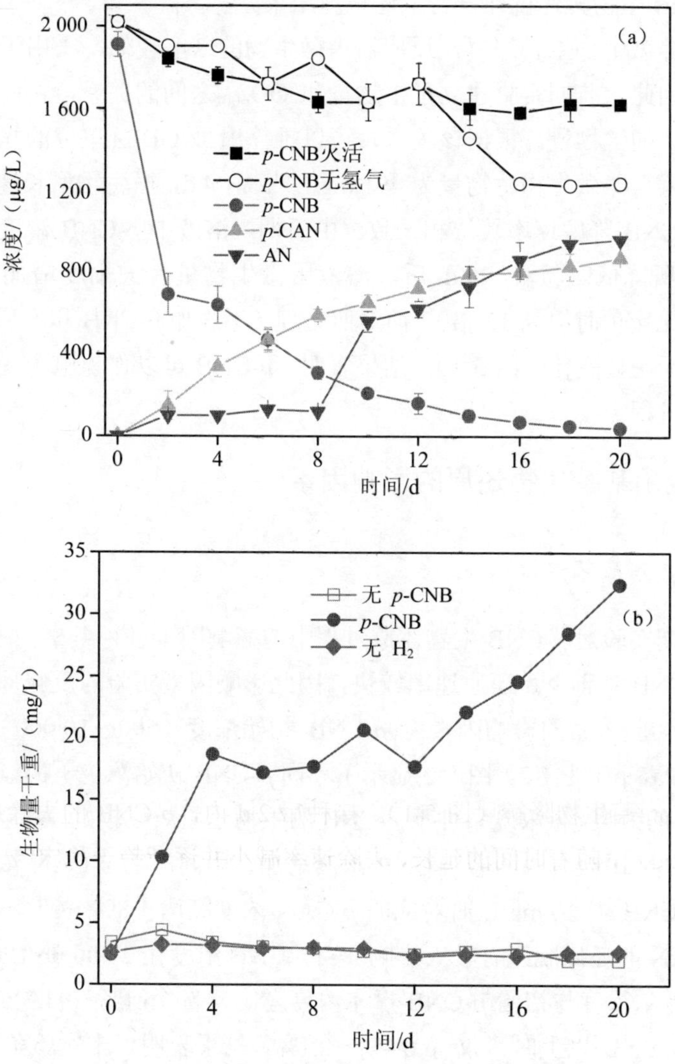


图 5-1　对氯硝基苯生物还原（a）及细菌生长曲线（b）

整个反应过程中，*p*-CNB 浓度逐渐降低，硝基先被还原产生中间产物 *p*-CAN，且随时间推移，*p*-CAN 浓度一直升高（图 5-1）。反应前期，溶液中有 AN 被检测到，但浓度很低，而 10 d 后 AN 浓度有大幅增加。结果表明，氢自养菌对 *p*-CNB 的生物转化共进行两个阶段，即硝基还原和还原脱氯作用。有文献指出，在厌氧环境中氯代硝基苯类生物转化的第一阶段是苯环上的硝基被逐步还原，产生氯苯胺类[2-5]；氯苯胺类可进一步通过还原脱氯作用产生苯胺类[2]。本实验得到的氢自养菌对 *p*-CNB 生物转化机理符合上述报道结果。

由于自养微生物生长缓慢，反应器内微生物的密度较低，采用干重法确定生物量较难。因此，前期实验建立了生物量和 $OD_{600}$ 之间的关系，在此基础上确定氢自养混合菌的生物量。根据该关系，可以推算出每 $OD_{600}$ 单位的光密度相当于反应溶液中氢自养微生物生物量为 491 mg/L[6]。前 4 d，微生物增长速率最大，与反应初期 *p*-CNB 降解速率较快相一致。中后期，溶液中 *p*-CNB 浓度降低，细菌生长速率有所降低。接种 20 d 后，溶液中微生物量有大幅度增加，最大值有 32.4 mg/L（比接种时提高 12 倍）。而对照处理（不添加 *p*-CNB 和不通入氢气）的生物量基本无明显变化（图 5-1）。结果表明，*p*-CNB 可以作为电子受体参与氢自养菌的代谢过程。

### 5.3.2 对氯硝基苯生物还原的影响因素

#### 5.3.2.1 对氯硝基苯浓度

通过短期实验对 *p*-CNB 生物还原过程中的影响因素进行考察。根据可行性试验结果，*p*-CNB 在前 4 d 还原速率较快，因此影响因素实验的反应周期均选择为 4 d。本阶段实验考察的影响因素为 *p*-CNB 初始浓度（500～10 000 μg/L），氢分压为 0.04 MPa，pH 为 7.2。图 5-2 显示了不同 *p*-CNB 初始浓度下的氢自养菌生物还原 *p*-CNB 的效果。各浓度条件下 *p*-CNB 的生物还原效果较好，去除率均在 92% 以上，最高达到 98.8%。随着 *p*-CNB 浓度增加，中间产物 *p*-CAN 浓度也随之增加，其中 *p*-CNB 为 10 mg/L 时对应的 *p*-CAN 浓度高达 1 890 μg/L。*p*-CNB 初始浓度对 *p*-CAN 的还原脱氯有较大影响。当 *p*-CNB 浓度在 2 000 μg/L 以下时，AN 产率（AN 摩尔浓度与初始 *p*-CNB 摩尔浓度之比）为 76.1%～94.7%，而 *p*-CNB 浓度为 5 000 μg/L 以上时，仅有 6.4%～8.1%。结果表明，本实验条件下 *p*-CNB 负荷升高并未影响其去除率，但硝基还原和还原脱氯速率明显降低。

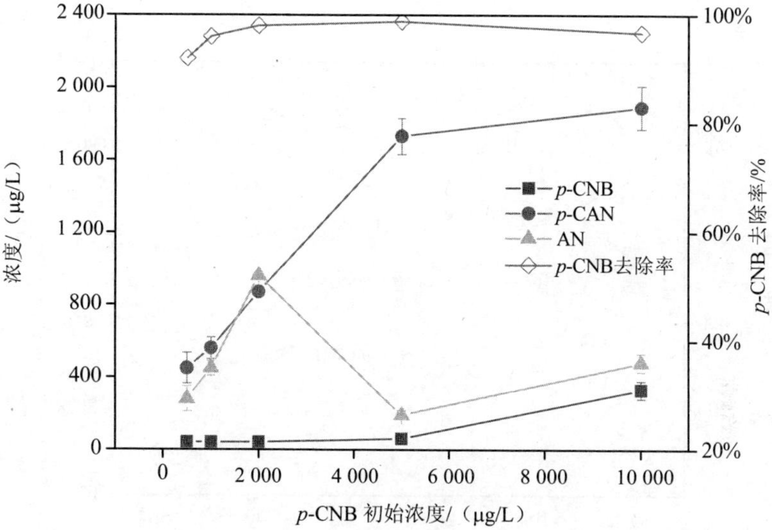


**图 5-2　对氯硝基苯初始浓度对其还原的影响**

### 5.3.2.2　硝酸盐浓度

硝酸盐氮（$NO_3^-$-N）是地表水和地下水中含有的常规氧化性污染物，因此利用生物还原时必须考虑这一因素的影响。氢自养还原菌得到电子供体时，$NO_3^-$-N 也会作为电子受体而被微生物利用，因而与 *p*-CNB 还原产生对氢气（电子供体）的竞争。本阶段实验考察 $NO_3^-$-N 对 *p*-CNB 还原的影响。进水 *p*-CNB 浓度为 2.0 mg/L，氢分压为 0.04 MPa，反应周期为 4 d，$NO_3^-$-N 浓度为 0.5～50 mg/L，pH 为 7.2。如图 5-3 所示，出水 *p*-CNB 浓度随 $NO_3^-$-N 浓度升高而升高，*p*-CAN 浓度逐渐降低。$NO_3^-$-N 浓度为 0.5 mg/L 时，*p*-CNB 去除率最高（73.1%）；当 $NO_3^-$-N 浓度为 50 mg/L 时，*p*-CNB 去除率逐渐降低至 55.6%。结果表明，$NO_3^-$-N 浓度升高导致 *p*-CNB 的去除率降低。Chung 等[7, 8]研究 MBfR 去除重铬酸盐[Cr（Ⅵ）]和 *N*-亚硝胺（NDMA）时，发现高浓度 $NO_3^-$-N 对两者生物还原均有抑制作用。结果表明，氢自养菌利用氢气作为电子供体进行生物还原时，$NO_3^-$-N 和 *p*-CNB 共存产生了对氢气（电子供体）的竞争继而导致对 *p*-CNB 还原的影响。

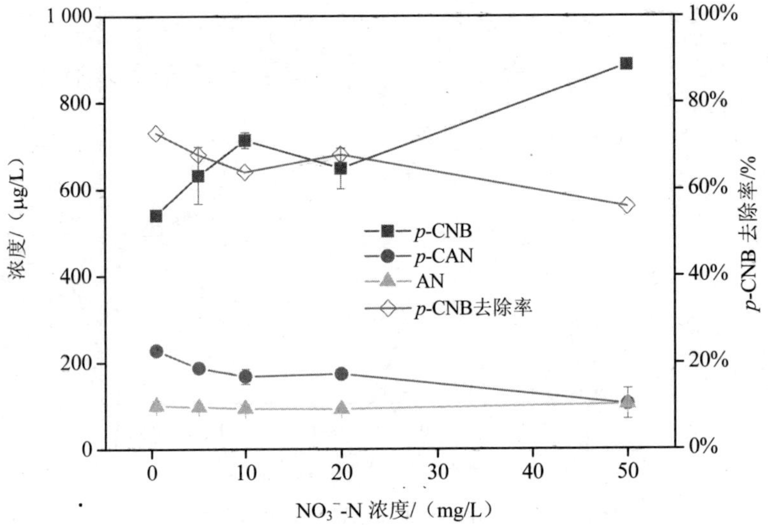


图 5-3 硝酸盐氮浓度对对氯硝基苯还原的影响

5.3.2.3 硫酸盐浓度

由于饮用水中也经常伴有硫酸盐（$SO_4^{2-}$）的污染，而氢自养还原菌得到电子供体时，$SO_4^{2-}$也会作为电子受体而被微生物利用，因而与 *p*-CNB 还原产生对氢气（电子供体）的竞争。本阶段实验考察 $SO_4^{2-}$对 *p*-CNB 还原的影响。进水 *p*-CNB 浓度 2.0 mg/L，氢分压 0.04 MPa，反应周期为 4 d，$SO_4^{2-}$浓度为 10～100 mg/L，pH 为 7.2。如图 5-4 所示，随着反应体系中 $SO_4^{2-}$浓度的增加，出水 *p*-CNB 浓度逐渐升高，由 590 μg/L 上升至 848 μg/L，去除效率逐渐降低至 57.6%。出水 *p*-CAN 浓度也随 $SO_4^{2-}$浓度增加而降低，表明 *p*-CNB 的硝基还原受到 $SO_4^{2-}$的抑制作用。上述结果表明，$SO_4^{2-}$的还原对 *p*-CNB 还原产生电子供体的竞争，而且 $SO_4^{2-}$的还原所消耗的电子供体量较大（1 mol $SO_4^{2-}$还原需消耗 8 mol $e^-$），随之产生的电子供体竞争性也很激烈。因此，当有高浓度 $SO_4^{2-}$共存时，需要考虑氢气可利用率的问题。

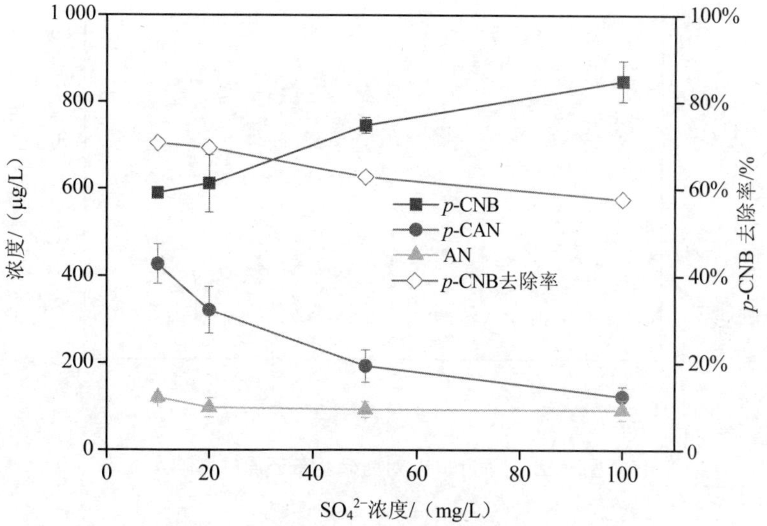


图 5-4　硫酸盐浓度对对氯硝基苯还原的影响

### 5.3.2.4　pH

pH 是氢自养生物还原过程中的一个重要控制因素。在进水 *p*-CNB 初始浓度为 2.0 mg/L，氢分压为 0.04 MPa，反应周期为 4 d 时，考察了 pH 分别为 6.0、7.0、7.5、8.0 和 9.0 时微生物对 *p*-CNB 的还原情况。如图 5-5 所示，*p*-CNB 生物还原对 pH 在 6.0～9.0 变化时较为敏感。*p*-CNB 生物还原的最佳 pH 为 7.0，此时最大去除率为 74.3%，*p*-CAN 浓度也最大（292 μg/L）。当 pH 为 6.0 和 9.0 时，*p*-CNB 去除率明显降低。结果表明，氢自养菌还原 *p*-CNB 较适宜的 pH 范围在 7.0～8.0。夏四清等研究表明[9]，氢自养反硝化菌在厌氧环境下生长的适宜 pH 为 6.5～7.5（最佳为 7.5）。Chung 等[7]研究表明，MBfR 中氢自养菌的最佳 pH 为 7.0～8.2。上述结果均与本实验得到的适宜 pH 为 7.0～8.0 相近。

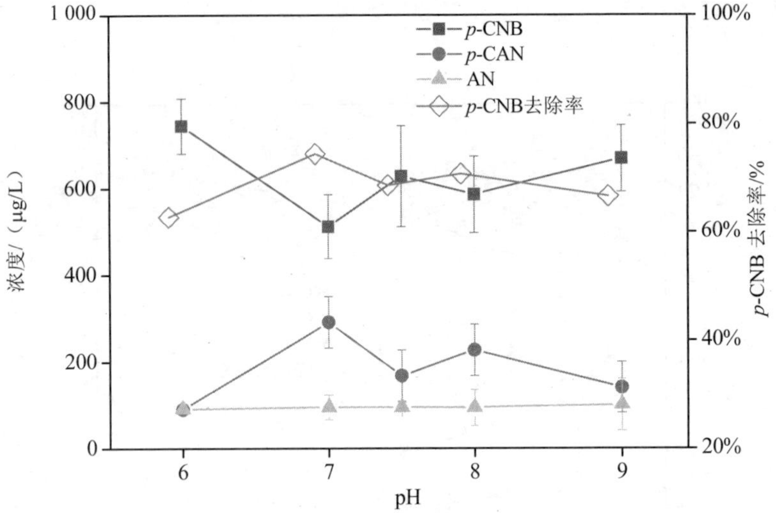


图 5-5　不同 pH 对对氯硝基苯还原的影响

5.3.2.5　氢分压

氢分压高低将直接影响氢自养生物还原的效果，因为不同氢分压能提供不同数目的电子供体。氢气压力越大，表明可被利用的电子供体的数量越多，对生物还原过程越有利。在进水 *p*-CNB 浓度为 2.0 mg/L，氢分压 0.04 MPa，反应周期为 4 d 时，考察了氢分压为 0.02、0.03、0.04 和 0.05 MPa 时的 *p*-CNB 还原情况。为防止每次取样后补充氢气可能造成氢气过剩问题，从而无法判别不同氢分压的影响，因此每次取样时不再通入氢气。结果如图 5-6 所示，氢气对 *p*-CNB 的还原有较大影响，尤其是氢分压为 0.05 MPa 时，*p*-CNB 还原速率最大，至反应结束时，0.05 MPa 下的出水 *p*-CNB 浓度为 460 μg/L，是 0.02 MPa 下出水 *p*-CNB 浓度的 64%。出水 *p*-CAN 和 AN 的浓度随氢分压升高而增加，表明硝基还原和还原脱氯速率与氢气浓度呈正相关关系。摇瓶实验虽然不能够很准确评估氢气利用率与氢自养菌还原速率的关系，但可通过趋势大致评价氢气这一至关重要参数所起的作用。从本阶段实验可以看出，氢气浓度直接关系到 *p*-CNB 的还原效果，对于这一重要因素需要合理控制。

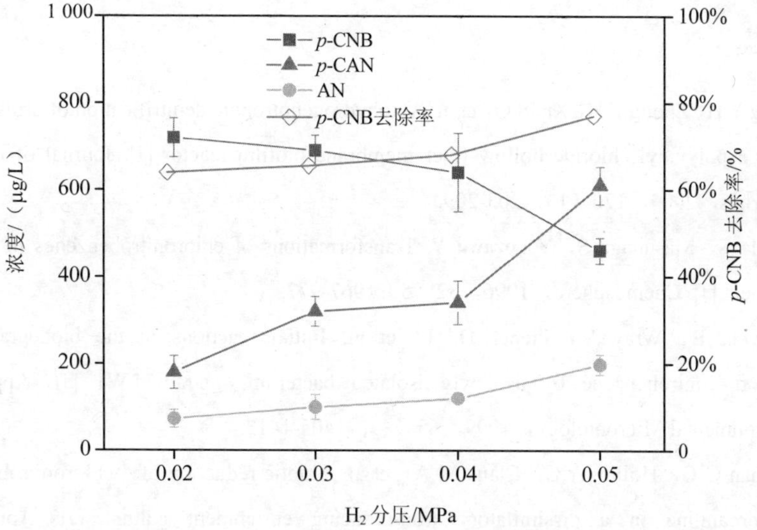


图 5-6　不同氢分压对对氯硝基苯还原的影响

## 5.4　小　结

本章通过摇瓶小试实验对氢自养微生物还原 *p*-CNB 的可行性做了相关研究，同时考察了反应过程中各种因素（氢分压、初始污染物浓度、$NO_3^-$-N 浓度、$SO_4^{2-}$ 浓度和 pH）对自养生物还原的影响，得出以下主要结论：

（1）在有氢气作为电子供体和目标底物为电子受体时，活性自养微生物能将 *p*-CNB 生物还原。结果显示，*p*-CNB 逐步还原生成 *p*-CAN 和 AN。

（2）氢自养微生物还原 *p*-CNB 过程中受到多种因素的影响：氢分压越高，*p*-CNB 去除效果越好；初始 $NO_3^-$-N 和 $SO_4^{2-}$浓度对 *p*-CNB 还原产生电子供体的竞争作用，而且高浓度 $NO_3^-$-N 对 *p*-CNB 还原菌的酶活性有明显的毒性抑制；初始 *p*-CNB 浓度过高时会明显影响还原速率，导致去除率降低明显；*p*-CNB 还原对 pH 较为敏感，应尽量控制在 7.0～7.5。

## 参考文献

[1] Zhang Y H，Zhong F H，Xia S Q，et al. Autohydrogenotrophic denitrification of drinking water using a polyvinyl chloride hollow fiber membrane biofilm reactor [J]. Journal of Hazardous Materials，2009，170（1）：203-209.

[2] Susarla S，Masunaga S，Yonezawa Y. Transformations of chloronitrobenzenes in anaerobic sediment [J]. Chemosphere，1996，32（5）：967-977.

[3] Katsivela E，Wray V，Pieper D H，et al. Initial reactions in the biodegradation of 1-chloro-4-nitrobenzene by a newly isolated bacterium，strain LW1 [J]. Applied and Environmental Microbiology，1999，65（4）：1405-1412.

[4] Heijman C G，Hollinger C，Claus M A，et al. Abiotic reduction of 4-chloronitrobenzene to 4-chloroaniline in a dissimilatory iron-reducing enrichment culture [J]. Applied and Environmental Microbiology，1993，65（4）：1405-1412.

[5] Macalady D L，Tratnyek P G，Grundl T J. Abiotic reduction reactions of anthropogenic organic chemicals in anaerobic systems：A critical review [J]. Journal of Contaminant Hydrology，1986，1（1-2）：1-28.

[6] 张彦浩，钟佛华，夏四清. 利用氢自养反硝化菌处理硝酸盐污染地下水的研究[J]. 水处理技术，2009（5）：75-78.

[7] Chung J，Nerenberg R，Rittmann B E. Bio-reduction of soluble chromate using a hydrogen-based membrane biofilm reactor [J]. Water Research，2006，40（8）：1634-1642.

[8] Chung J，Ahn C H，Chen Z，et al. Bio-reduction of N-nitrosodimethylamine（NDMA） using a hydrogen-based membrane biofilm reactor [J]. Chemosphere，2008，70（3）：516-520.

[9] 夏四清，钟佛华，张彦浩. 氢自养反硝化去除水中硝酸盐的影响因素研究[J]. 中国给水排水，2008（21）：5-8.

# 第6章　氢基质生物膜反应器去除水中对氯硝基苯的研究

## 6.1　研究背景与内容

目前国内外对对硝基苯和氯代苯类有机物的生物降解有较多篇幅的报道，但对对氯硝基苯（*p*-CNB）的生物降解研究极少。在好氧条件下 *p*-CNB 苯环裂解较为困难，而在厌氧或还原条件下则相对容易被微生物还原为无毒或低毒的产物。有研究表明，厌氧条件下微生物能利用电子供体使氯代硝基苯发生还原性转化，即硝基还原和还原脱氯作用，产生低毒和易生化降解的苯胺类[1, 2]。氢气作为一种无毒、廉价、无二次污染的无机电子供体，已经广泛运用于修复氯代苯类污染的地下水工程中[3]。因此，微生物利用氢气作为电子供体生物还原 *p*-CNB 是一种潜在可行的去除途径。

氢基质生物膜反应器（MBfR）是一种将微孔中空纤维膜曝气和生物膜技术结合起来的新型水处理工艺，它利用中空纤维膜为自养微生物的生长载体，同时利用微孔使氢气均匀扩散至生物膜中[4-6]。与传统的外源供氢相比，该反应器中氢气在生物膜中传质的主要推动力为生物膜中生物还原过程耗氢而形成的浓度梯度，强化了气液传质，提高了氢气利用效率，避免了反应器因氢气积累而发生爆炸的危险[5, 7, 8]。这种新型生物膜反应器能有效去除饮用水或地下水中的氧化性物质[5]。因此，本文利用氢基质生物膜反应器对 *p*-CNB 的生物降解展开研究，系统考察氢自养微生物降解 *p*-CNB 的还原机理、影响因素及氢气可利用率竞争关系。以期为 *p*-CNB 的去除研究提供新思路，同时也为更有效地去除污水或饮用水中含有的氯代硝基苯类化合物提供理论依据和数据支持。

# 6.2 材料与方法

## 6.2.1 氢基质生物膜反应器

本研究所用装置为连续搅拌式氢基质生物膜反应器（CS-MBfR），如图 6-1 所示。反应器主体由有机玻璃筒体、磁力搅拌装置、进出水及供氢管路系统组成。反应器底部和上部分别设置进水口和出水口。进水通过蠕动泵从底部进水口泵入，出水通过上部出水口靠重力流出反应器。出水管线上设置气体取样口，目的是收集出水中逸出的氢气。有机玻璃筒体内含两束中空纤维膜组件，分别固定在筒体的两个末端，作为生物膜的附着载体和氢气扩散装置。底部的磁力搅拌装置能产生足够的蜗旋剪切力，使反应器中的液体保持混合均匀的状态。反应器膜组件采用的中空纤维膜为疏水性 PVC 材质，具有微小膜孔和较大的比表面积。反应器的物理特征参数见表 6-1。

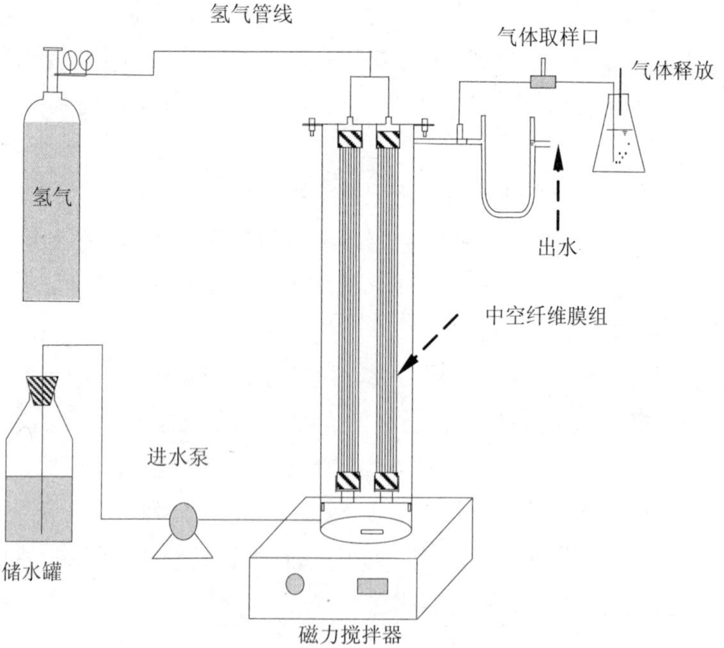


图 6-1 连续搅拌式氢基质生物膜反应器示意

表 6-1　氢基质生物膜反应器的物理特征参数

| 参数 | 单位 | 数值 |
|---|---|---|
| 反应器高 | cm | 24 |
| 反应器内径 | cm | 7 |
| 中空纤维膜根数 | 根 | 132 |
| 膜内径 | cm | 0.085 |
| 膜外径 | cm | 0.15 |
| 膜表面积 | $cm^2$ | 990 |
| 比表面积 | $m^{-1}$ | 113.1 |
| 空隙率 | % | 95.8 |
| 进水流量 | mL/min | 2 |
| 反应器有效容积 | $cm^3$ | 625 |
| 水力停留时间 | h | 5.2 |

### 6.2.2　试验用水

试验用水为人工模拟配水，其中以 $NaHCO_3$ 为无机碳源，$NaNO_3$ 为无机氮源，同时含有营养元素以满足微生物生长代谢。模拟配水具体成分及浓度见表 6-2。当进行正式实验时，添加目标污染物质来模拟特种污染水样。模拟实验用水贮存在 10L 的棕色玻璃瓶中，进水前通入氮气以去除进水中的溶解氧。模拟进水中的 $KH_2PO_4$+$Na_2HPO_4$ 作为缓冲介质，以保持进水 pH 在 7.2 左右，并防止还原过程中 pH 过度升高。

表 6-2　模拟配水营养成分

| 大量元素 | 浓度/（mg/L） | 微量元素 | 浓度/（mg/L） |
|---|---|---|---|
| $NaNO_3$ | 6 | $ZnSO_4 \cdot 7H_2O$ | 0.013 |
| $KH_2PO_4$ | 128 | $H_3BO_3$ | 0.038 |
| $MgSO_4 \cdot 7H_2O$ | 200 | $CuCl_2 \cdot 2H_2O$ | 0.001 |
| $FeSO_4 \cdot 7H_2O$ | 1 | $Na_2MoO_4 \cdot 2H_2O$ | 0.004 |
| $NaHCO_3$ | 80 | $MnCl_2 \cdot 4H_2O$ | 0.004 |
| $Na_2HPO_4$ | 434 | $CoCl_2 \cdot 6H_2O$ | 0.025 |
| $CaCl_2 \cdot 2H_2O$ | 1 | $NiCl_2 \cdot 6H_2O$ | 0.001 |
| | | $Na_2SeO_3$ | 0.004 |

### 6.2.3 反应器启动与驯化

反应器中接种污泥取自实验室另一处理硝酸盐氮（$NO_3^-$-N）废水的氢基质生物膜反应器膜表面的生物膜[6]。收集的生物膜与无菌水混合后，高速离心 10 min（7 000 *g*，4℃），经悬浮分离后接种至反应器中开始挂膜。保持氢气压力 0.04 MPa，进水 $NO_3^-$-N 浓度 5 mgN/L，进水流量 1.2 mL/min，以培养生物膜。经过一段时间驯化后，反硝化速率稳定且出水 $NO_3^-$-N 浓度为零，膜组件外表面聚集一层黄褐色的生物固体（图 6-2），此时认为反应器挂膜完成。

图 6-2 膜外表面上的生物膜

### 6.2.4 对氯硝基苯还原降解的试验条件

反应器挂膜后，将进水流量调成 2.0 mL/min，正式进入 *p*-CNB 还原降解阶段。进水中添加 *p*-CNB 的浓度为 500 μg/L，$NO_3^-$-N 浓度为 5 mgN/L，pH 为 7.2，维持氢气压力为 0.04 MPa。当 *p*-CNB 还原速率达到稳定后，提高进水 *p*-CNB 浓度至 2 000 μg/L，其他运行参数不变。当 *p*-CNB 还原和反硝化速率再次达到稳定状态，分别在不同阶段提高进水 $NO_3^-$-N 浓度至 20 mgN/L 和添加硫酸盐（$SO_4^{2-}$）

浓度 50 mg $SO_4^{2-}$/L，以此考察 $NO_3^-$-N 和 $SO_4^{2-}$对 *p*-CNB 还原的影响。各运行阶段的条件及参数见表 6-3。

表 6-3 MBfR 还原降解 *p*-CNB 的实验运行条件

| 时间/d | 进水 *p*-CNB/（μg/L） | 进水 $NO_3^-$-N/（mgN/L） | 进水 $SO_4^{2-}$/（mg/L） | 氢气压力/MPa |
|---|---|---|---|---|
| 1～30 | 500 | 5 | — | 0.04 |
| 31～75 | 2 000 | 5 | — | 0.04 |
| 76～110 | 2 000 | 20 | — | 0.04 |
| 111～140 | 2 000 | 20 | 50 | 0.04 |

## 6.3 试验结果

### 6.3.1 对氯硝基苯的还原降解

经过反应器初期挂膜后，正式进入 *p*-CNB 还原降解实验阶段（共运行 140 d），具体实验结果见图 6-3。运行初期，反应器进水 *p*-CNB 浓度为 500 μg/L[表面负荷 0.015 g/（$m^2$·d）]，$NO_3^-$-N 浓度为 5 mgN/L，氢气压力为 0.04 MPa。由于反应器反硝化效果良好，出水中 $NO_3^-$-N 无法检出，同时也无 $NO_2^-$-N 积累。*p*-CNB 被投加至进水后迅速降解，3 d 内 *p*-CNB 浓度降低至 100 μg/L 以下。随着运行时间延长，*p*-CNB 不断被生物降解，出水浓度持续降低，至 30 d 时 *p*-CNB 浓度为 21 μg/L，去除率高达 95.8%[去除通量为 0.014 g/（$m^2$·d）]。伴随着 *p*-CNB 浓度降低，出水中不断检测出对氯苯胺（*p*-CAN）存在，且出水 *p*-CAN 浓度呈先升高后降低的趋势（第 10 d 时为最高 111 μg/L），结果表明 *p*-CNB 已被微生物还原生成 *p*-CAN。从第 10 d 起，出水 *p*-CAN 浓度不断降低，且出水苯胺（AN）浓度明显地增加，结果证实 *p*-CAN 的降解产物为 AN。经过 30 d 的运行，反应器对 *p*-CNB 还原降解速率达到稳定状态。

为进一步考察 *p*-CNB 表面负荷对反应器降解性能的影响，第 31 d 时提高进水 *p*-CNB 浓度至 2 000 μg/L[表面负荷 0.058 g/（$m^2$·d）]。从图 6-3 可以看出，提高进水负荷之后，*p*-CNB 仍有较大的还原速率，经过 3 d 的运行，至 34 d 时出水 *p*-CNB 浓度降低至 371 μg/L，此时出水 *p*-CAN 和 AN 浓度分别为 245 μg/L 和

61 μg/L。随着反应器运行，出水 *p*-CAN 和 AN 浓度呈现与前一阶段相似的变化趋势，但 *p*-CAN 和 AN 浓度增加或降低的幅度更大，可能与进水 *p*-CNB 浓度明显升高有关。运行至 75 d 时，反应器出水 *p*-CNB 浓度逐步稳定至 63 μg/L[去除通量 0.056 g/（$m^2$·d），去除率 96.9%]，还原速率为 8.91 g/（$m^3$·d），高于第 30 d 时的还原速率 2.20 g/（$m^2$·d），说明反应器对 2 000 μg/L 的 *p*-CNB 仍有较好的降解性能。上述结果表明，在给定的运行条件下，提高进水 *p*-CNB 负荷至 0.058 g/（$m^2$·d）并无明显影响反应器的运行性能，也说明反应器对较高浓度 *p*-CNB 有一定的去除潜力。

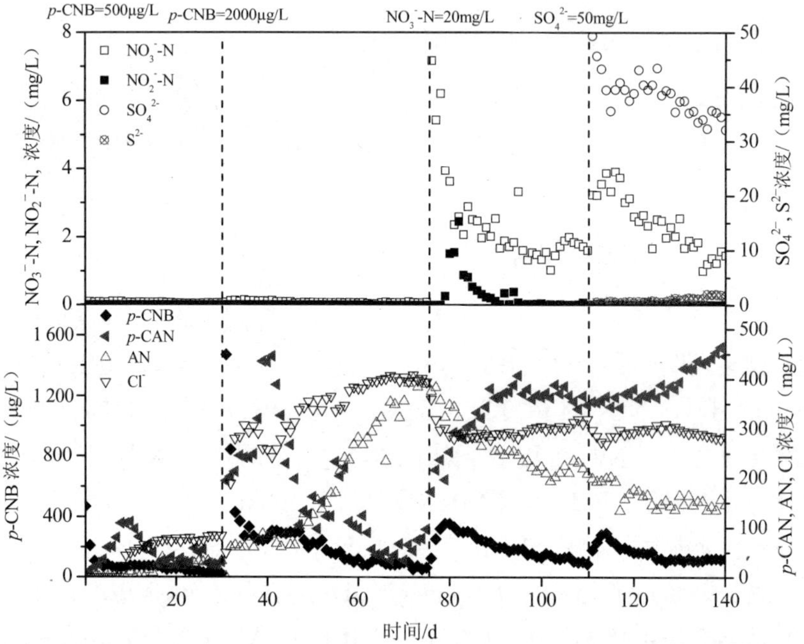


图 6-3 反应器出水中 $NO_3^-$-N、$NO_2^-$-N、$SO_4^{2-}$、$S^{2-}$、*p*-CNB、*p*-CAN、AN 和 $Cl^-$的浓度

第 76 d 时，进水 $NO_3^-$-N 浓度由 5 mgN/L 增加至 20 mgN/L，其他运行条件与前一阶段保持一致。从图 6-3 可以看出，$NO_3^-$-N 投加以后被迅速转化成 $NO_2^-$-N，并伴随有 $NO_2^-$-N 的积累过程。本阶段运行后期，出水 $NO_3^-$-N 浓度基本降低至 2 mgN/L 以下，且 $NO_2^-$-N 浓度无法检出。提高进水 $NO_3^-$-N 浓度，出水 *p*-CNB 浓度有上升趋势（由 125 μg/L 增大至 353 μg/L），表明 $NO_3^-$-N 浓度增加对 *p*-CNB 还原成 *p*-CAN 有抑制作用。还可以看出，出水 *p*-CAN 浓度持续上升，继而表明

*p*-CAN 降解速率亦受到 $NO_3^-$-N 的影响。出水 $Cl^-$和 AN 浓度的变化趋势也间接表明 *p*-CAN 的还原降解受到 $NO_3^-$-N 的抑制。第 111 d 时，进水中投加 50 mg/L 的 $SO_4^{2-}$，$NO_3^-$-N 浓度仍保持 20 mgN/L，其他运行条件不变。可以看出，投加 $SO_4^{2-}$ 之后，*p*-CNB、*p*-CAN 和 AN 的变化趋势与增大进水 $NO_3^-$-N 浓度时的变化趋势相似。值得注意的是，$NO_3^-$-N 和 $SO_4^{2-}$的双重抑制对 *p*-CAN 还原成 AN 的影响更加明显，即 *p*-CAN 浓度持续上升和 AN 浓度进一步降低，而对 *p*-CNB 还原成 *p*-CAN 的影响相对平缓。综上所述，$NO_3^-$-N 和 $SO_4^{2-}$的还原对 *p*-CNB 还原降解具有抑制作用。

### 6.3.2　对氯硝基苯的生物转化机理

当 *p*-CNB 投加至反应器进水中以后，自养微生物利用氢气（电子供体）和 *p*-CNB（电子受体）进行呼吸作用，使 *p*-CNB 被逐步生物还原成 AN（图 6-3）。实验进行中，*p*-CAN 作为中间产物被检测出，揭示了苯环上的硝基还原是 *p*-CNB 还原转化过程中的第一步反应。*p*-CAN 进一步通过对位还原脱氯的途径使苯环上的氯原子被取代，生成终产物 AN 并释放出 $Cl^-$。出水中检测到 AN 和 $Cl^-$的存在，则证明 *p*-CAN 的还原脱氯反应在硝基还原后进行。可以得出结论，MBfR 生物膜中的 *p*-CNB 生物还原包括硝基还原和还原脱氯两种转化途径（图 6-4）。*p*-CNB 苯环上的硝基和氯原子具有的吸电子特性导致 *p*-CNB 在好氧条件下很难被降解，因此厌氧或还原条件下对 *p*-CNB 的生物转化是一种可行的去除途径[9]。早期关于氯代硝基苯类化合物的生物降解研究指出，硝基还原和还原脱氯产生易生物降解和低毒性的苯胺类是氯代硝基苯生物转化或矿化的重要途径[1, 2, 10]。本文研究表明，*p*-CNB 生物转化成 AN 这一结论与前期报道的结果相一致。虽然 *p*-CNB 生物转化产物 *p*-CAN 和 AN 仍具有一定毒性，但相对于 *p*-CNB 毒性已经大大减低[11]。因此，*p*-CNB 的还原转化途径不仅达到脱毒（减低毒性）的目的，且能提高 *p*-CNB 的可生化降解性。

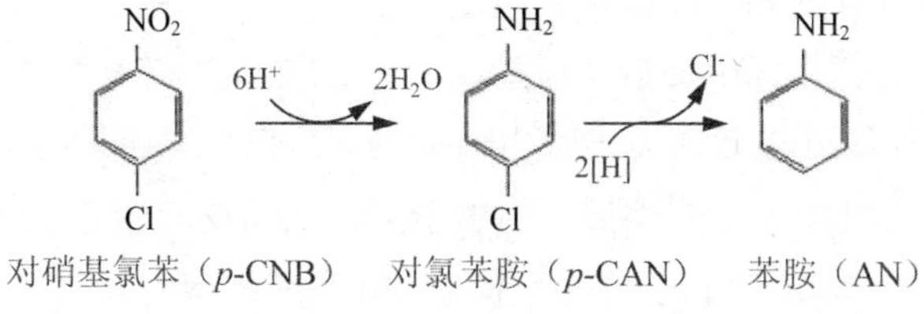


图 6-4　对氯硝基苯的生物转化途径

### 6.3.3 硝酸盐和硫酸盐对对氯硝基苯还原的影响

$NO_3^-$和 $SO_4^{2-}$是地下水或地表水中常见的氧化性污染物（电子受体）。在厌氧或还原条件下，当有氢气作为电子供体时，自养微生物能利用 $NO_3^-$和 $SO_4^{2-}$进行反硝化和 $SO_4^{2-}$还原作用，因此 $NO_3^-$和 $SO_4^{2-}$被认为是还原过程中潜在的电子供体竞争者[5]。也有学者研究表明，反硝化和 $SO_4^{2-}$还原过程中产生的中间产物（如 $NO_2^-$、$N_2O$、$S^{2-}$、$HS^-$）对氯代有机物的还原脱氯作用有抑制效应[12, 13]。由于 $NO_3^-$和 $SO_4^{2-}$是 *p*-CNB 生物还原降解的潜在抑制因子，因此有必要进一步考察 $NO_3^-$和 $SO_4^{2-}$对 *p*-CNB 还原产生的影响。

如图 6-3 所示，进水 $NO_3^-$-N 浓度提高至 20 mgN/L 以后，出水 *p*-CNB 浓度有明显地上升（76～80 d），去除通量由 0.054 g/（$m^2$·d）降低至 0.048 g/（$m^2$·d），去除率由 93.8%降低至 82.4%。而整个阶段（76～110 d），出水 *p*-CAN 浓度有明显的上升趋势，出水 AN 浓度也持续降低。通过测定增加 $NO_3^-$-N 浓度前后 5 d 出水氢气浓度发现，71～81 d 出水中氢气浓度由 125 μg/L 降低至 56 μg/L[图 6-5（a）]。由此可见，由于反硝化作用增强，氢气消耗量相应增加导致液相中氢气可利用率限制水平升高，致使反硝化对 *p*-CNB 还原产生电子供体竞争性抑制。反硝化过程中产生的中间产物积累可能对还原脱氯微生物产生毒性作用。Nelson 等[12]研究发现，当液相中 $N_2O$ 浓度高于 4.4 mg/L 时对四氯乙烯（PCE）还原脱氯作用有明显地抑制。Tas 和 Pavlostathis[13]报道指出，五氯胺（PCA）的序列还原脱氯受到 50 mgN/L 的 $NO_3^-$-N 抑制，同时伴随有明显的 $NO_2^-$-N 积累过程。本实验中，$NO_2^-$-N 积累过程中 *p*-CAN 浓度升高速率较快；而 $NO_2^-$-N 被完全降解之后，*p*-CAN 浓度变化趋于平缓甚至降低。综上所述，$NO_3^-$-N 对 *p*-CNB 生物还原的影响包含两种机制，即电子供体的竞争性抑制和反硝化中间产物的毒性效应。

$SO_4^{2-}$还原对 *p*-CNB 还原可能产生类似于反硝化抑制效应的影响。从图 6-3 可以看出，投加 $SO_4^{2-}$之后，*p*-CNB 浓度有一短暂的上升过程，*p*-CAN 浓度持续升高，且 AN 浓度继续降低。出水中氢气浓度由未投加 $SO_4^{2-}$时的 46 μg/L 降低至第 120 d 时的 23 μg/L（投加 $SO_4^{2-}$后 10 d），如图 6-5（b）所示。由此说明，进水中 $SO_4^{2-}$还原消耗的氢气量增大导致出水氢气浓度降低，继而对 *p*-CNB 还原产生电子供体的竞争。$SO_4^{2-}$还原产物 $S^{2-}$的出水浓度也随反应器运行时间延长而增加，至反应结束时浓度为 1.59 mg/L。$S^{2-}$浓度的升高或积累对还原脱氯也有一定的抑制影响[12]。本研究中，*p*-CAN 还原成 AN 的速率明显降低则揭示了 $SO_4^{2-}$还原不仅消耗更多的氢气而且还原产物对还原脱氯微生物产生毒性。

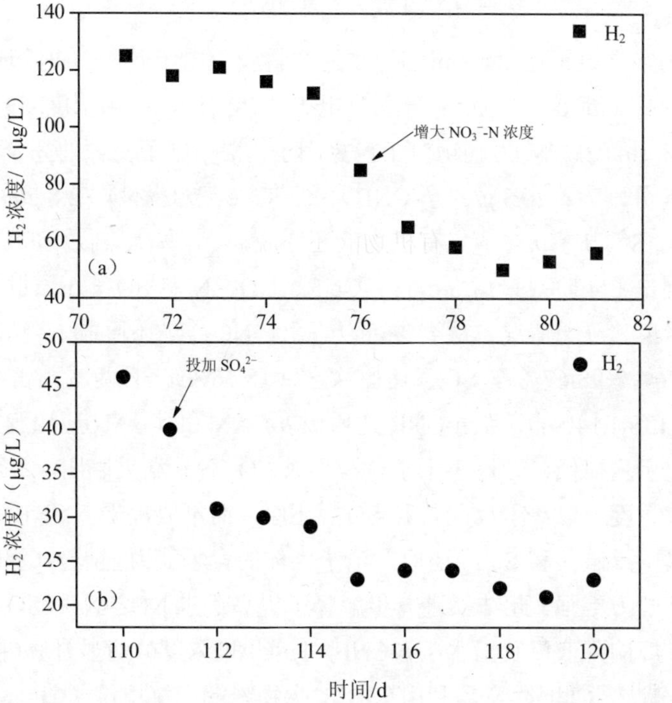


图 6-5　进水 $NO_3^-$-N 浓度增加前后（a）和投加 $SO_4^{2-}$后（b）出水中溶解性氢气的浓度变化趋势

## 6.3.4　生物膜利用氢气通量分析

微生物利用氢气为电子供体还原氧化性污染物（电子受体）的过程实质是生物膜中电子转移的过程。计算生物膜利用氢气时电子转移的当量通量可以更准确地分析污染物对氢气的利用及它们相互之间的竞争关系，其计算方法为用污染物的去除通量除以底物电子换算因子[14]。底物电子换算因子的概念是单位电子能够还原的目标污染物的质量，其计算方法为污染物的相对分子量除以电子转移数量（化合价之差）。去除通量反映了污染物的直接还原能力，数值在很大程度上受到污染物本身相对分子量的影响，而除以换算因子的目的在于消除这一影响，使得当量电子通量这一概念能够更加真实客观地反应出各种污染物的电子竞争能力。当量电子通量（$E_{eq}$）的计算公式如下：

$$E_{eq}=\frac{J}{EW_s}=\frac{Q\times(S_i-S_e)}{A\times EW_s} \tag{6-1}$$

式中，$E_{eq}$为当量电子通量（e/m$^2$·d）；$J$为生物膜中电子受体的去除通量（g/m$^2$·d）；$Q$为进水流量（m$^3$/d）；$S_i$和$S_e$分别为电子受体的进、出水浓度（g/m$^3$）；A为生物膜表面积（m$^2$）；$EW_s$为底物电子换算因子。根据电子受体的完全反应，各电子受体的$EW_s$分别为：26.3 g/e（*p*-CNB）、63.8 g/e（*p*-CAN）、2.8 g/e（$NO_3^-$-N）和12 g/e（$SO_4^{2-}$）。

表4列出了4阶段最后3 d的*p*-CNB、$NO_3^-$-N和$SO_4^{2-}$还原过程中的平均当量电子通量及其分配情况。从表中可以看出，$NO_3^-$-N还原成$N_2$消耗绝大多数的电子（80.76%～98.67%），$SO_4^{2-}$还原次之（18.16%），且两者共占总电子通量的99%以上（138～140 d），而*p*-CNB还原成*p*-CAN和*p*-CAN还原脱氯成AN的过程消耗的电子均很低（远远小于$NO_3^-$-N或$SO_4^{2-}$）。结果表明，生物膜中氢气的消耗量很大程度上取决于反硝化和$SO_4^{2-}$还原，而不取决于*p*-CNB还原。由此可见，生物膜中反硝化和$SO_4^{2-}$还原对电子供体的竞争能力强于*p*-CNB还原，尤其反硝化竞争能力更强。此结果进一步解释了提高进水$NO_3^-$-N和$SO_4^{2-}$浓度会导致出水氢气浓度的降低以及出水中*p*-CNB和*p*-CAN浓度的明显升高（图6-3）。Chung和Rittmann[14]及Chung等[15]利用MBfR生物降解三氯甲烷（CF）和亚硝基二甲基苯胺（NDMA）实验中均发现反硝化和$SO_4^{2-}$还原共占有大多数的电子通量分配，分别达到89.1%～98.5%和99.4%～99.8%，对目标污染物的还原有较大的影响。通过比较，在同一反应体系且氢气可利用率受限制的情况下，水中共存的$NO_3^-$-N和$SO_4^{2-}$对*p*-CNB的竞争性影响必须关注。因此，在实际应用过程中，为了保证较高的去除效果，除了降低进水负荷之外保证氢气的供应量充足（氢气压力合理）也是一重要措施。

**表6-4　生物膜中*p*-CNB、*p*-CAN、$NO_3^-$-N和$SO_4^{2-}$还原消耗的当量电子通量及其分配**

| 时间/d | 当量电子通量/（e/m$^2$·d） | | | | 电子通量分配/% | | | |
|---|---|---|---|---|---|---|---|---|
| | *p*-CNB | *p*-CAN | $NO_3^-$-N | $SO_4^{2-}$ | *p*-CNB | *p*-CAN | $NO_3^-$-N | $SO_4^{2-}$ |
| 28～30 | 0.0005 | 0.0002 | 0.0512 | — | 1.02 | 0.31 | 98.67 | — |
| 73～75 | 0.0021 | 0.0007 | 0.0509 | — | 3.98 | 1.25 | 94.78 | — |
| 108～110 | 0.0021 | 0.0005 | 0.1905 | — | 1.09 | 0.28 | 98.63 | — |
| 138～140 | 0.0021 | 0.0005 | 0.1921 | 0.0432 | 0.87 | 0.21 | 80.76 | 18.16 |

## 6.4 小　结

（1）MBfR 生物膜中氢自养微生物能够利用氢气为电子供体有效还原降解水中的 *p*-CNB。*p*-CNB 经过硝基还原生成中间产物 *p*-CAN，再通过还原脱氯作用生成 AN。通过微生物的逐步还原转化达到对 *p*-CNB 降解或毒性降低的目的。

（2）MBfR 对 *p*-CNB 有较大的去除潜力，当进水 *p*-CNB 浓度为 500 μg/L 和 2 000 μg/L 时，均有较高的去除率和去除通量，其中稳定阶段的去除率和去除通量最高达到 96.9%和 0.056g/（$m^2 \cdot d$）。

（3）水中共存的 $NO_3^-$-N 和 $SO_4^{2-}$将对 *p*-CNB 生物还原产生抑制效应。反硝化和 $SO_4^{2-}$还原消耗更多的氢气导致对 *p*-CNB 还原产生电子供体的竞争性抑制。此外，反硝化和 $SO_4^{2-}$还原产物对还原脱氯微生物有毒性，继而抑制 *p*-CAN 脱氯生成 AN 的过程。

（4）电子通量分析表明反硝化和 $SO_4^{2-}$还原占有大多数的当量电子通量。污染物的还原情况与其在电子竞争中的优势相关，与电子供体量紧密相关的氢气压力将成为 MBfR 的重要参数之一。

## 参考文献

[1] Heijman C G，Hollinger C，Claus M A，et al. Abiotic reduction of 4-chloronitrobenzene to 4-chloroaniline in a dissimilatory iron-reducing enrichment culture [J]. Applied and Environmental Microbiology，1993，59（12）：4350-4353.

[2] Susarla S，Masunaga S，Yonezawa Y. Transformations of chloronitrobenzenes in anaerobic sediment [J]. Chemosphere，1996，32（5）：967-977.

[3] Deweerd K A，Concannon F，Suflita J M. Relationship between hydrogen consumption，dehalogenation and the reduction of sulfur oxyanions by Desulfomonile tiedjei [J]. Applied and Environmental Microbiology，1991，57（7）：1929-1934.

[4] Ergas S J，Reuss A F. Hydrogenotrophic denitrification of drinking water using a hollow fiber membrane bioreactor [J]. Journal of Water Supply：Research & Technology，2001，50（3）：161-171.

[5] Nerenberg R，Rittmann B E. Hydrogen-based，hollow-fiber membrane biofilm reactor for reduction of perchlorate and other oxidized contaminants [J]. Water Science & Technology，2004，49（11-12）：223-230.

[6] Xia S Q，Zhang Y H，Zhong F H. A continuous stirred hydrogen-based polyvinyl chloride membrane biofilm reactor for the treatment of nitrate contaminated drinking water [J]. Bioresource Technology，2009，100（24）：6223-6228.

[7] Lee K C，Rittmann B E. Applying a novel autohydrogenotrophic hollow-fiber membrane biofilm reactor for denitrification of drinking water [J]. Water Research，2002，36（8）：2040-2052.

[8] Rittmann B E. The membrane biofilm reactor：the natural partnership of membranes and biofilm [J]. Water Science & Technology，2006，53（3）：219-226.

[9] Wu J F，Jiang C Y，Wang B J，et al. Novel partial reductive pathway for 4-chloronitrobenzene and nitrobenzene degradation in Comamonas sp strain CNB-1 [J]. Applied and Environmental Microbiology，2006，72（3）：1759-1765.

[10] Katsivela E，Wray V，Pieper D H，et al. Initial reactions in the biodegradation of 1-chloro-4-nitrobenzene by a newly isolated bacterium，strain LW1 [J]. Applied and Environmental Microbiology，1999，65（4）：1405-1412.

[11] Weisburger E K，Russfield A B，Homburger F，et al. Testing of twenty-one environmental aromatic amines or derivatives for long-term toxicity or carcinogenicity [J]. Journal of Environmental Pathology and Toxicology，1978，2（2）：325-356.

[12] Nelson D K，Hozalski R M，Clapp L W，et al. Effect of nitrate and sulfate on dechlorination by a mixed hydrogen-fed culture [J]. Bioremediation Journal，2010，6（3）：225-236.

[13] Tas D O，Pavlostathis S G. Effect of nitrate reduction on the microbial reductive transformation of pentachloronitrobenzene [J]. Environmental Science & Technology，2008，42（9）：3234-3240.

[14] Chung J，Rittmann B E. Bio-reductive dechlorination of 1，1，1-trichloroethane and chloroform using a hydrogen-based membrane biofilm reactor [J]. Biotechnology and Bioengineering，2007，97（1）：52-60.

[15] Chung J，Ahn C H，Chen Z，et al. Bio-reduction of N-nitrosodimethylamine（NDMA） using a hydrogen-based membrane biofilm reactor [J]. Chemosphere，2008，70（3）：516-520.

# 第7章 结　论

本书针对目前人们比较关注的水体中难降解有机污染物硝基苯类化合物污染问题，选用微波-$H_2O_2$高级氧化技术和氢自养生物还原技术，分别对硝基苯和对氯硝基苯开展去除研究。探讨了微波-$H_2O_2$高级氧化技术对水中微量硝基苯的去除效能及$H_2O_2$投加量、微波功率、反应温度、腐植酸、重碳酸根等因素对氧化反应的影响，并对氧化降解中间产物进行了定性分析，在此基础上提出了硝基苯氧化降解途径和机理；考察了氢基质自养微生物和氢基质生物膜反应器（MBfR）对对氯硝基苯生物还原的可行性、还原途径及去除性能，研究了不同影响因素（进水对氯硝基苯浓度、进水硝酸盐浓度、进水硫酸盐浓度、氢分压和pH）对自养微生物还原对氯硝基苯的影响。得出的主要结论如下：

（1）单独$H_2O_2$或单独微波对硝基苯的降解效果都不明显，但微波-$H_2O_2$体系的降解效果很好。在微波功率为300 W的辐射条件下，并控制反应温度为50℃±2℃，32 min后硝基苯去除率就达88.5%，远高于单独$H_2O_2$控制电热丝加热温度为50℃时的去除率。

（2）微波-$H_2O_2$体系的协同作用是比较明显的，其增强因子为$f$=5.98。

（3）过高或过低的微波功率辐射时，对微波-$H_2O_2$体系处理硝基苯的去除率均有不利影响，其最佳的功率为300W。

（4）在硝基苯初始浓度为300 μg/L的条件下，硝基苯去除率随$H_2O_2$投加量的增加呈下降趋势，这一过程中存在一个最佳的$H_2O_2$投加量，即为20 mg/L。

（5）间歇投加$H_2O_2$比一次性投加能获得更高的降解效率和速率。

（6）随着硝基苯初始浓度的增大，硝基苯去除率先上升后下降，但单位$H_2O_2$降解硝基苯的量始终随着硝基苯初始浓度的增加而增大。硝基苯初始浓度为1 000 μg/L时的单位$H_2O_2$降解硝基苯的量是硝基苯初始浓度为300 μg/L时的2.4倍，是硝基苯初始浓度为50 μg/L时的33倍。

（7）当反应温度控制在常温条件下，微波-$H_2O_2$体系对水中硝基苯的氧化降解效果仍较好，未受温度太大影响。但当反应温度上升到 70℃时，硝基苯去除率相对于 25℃的时候反而有降低，相对于 50℃的时候则大大降低。反应温度为 70℃时，反应 24 min 后硝基苯去除率仅为 48%，远低于 50℃时候的 85%。

（8）偏酸性水体条件下，更利于微波-$H_2O_2$ 体系对硝基苯的氧化降解。

（9）腐植酸的加入明显抑制了硝基苯的降解，而且随着本底有机物含量的增加，抑制作用更明显。水样 $UV_{254}$ 从 0.053 $cm^{-1}$ 上升到 0.195 $cm^{-1}$ 时，反应 24 min 后硝基苯去除率从 76%下降到 50%，而没有腐植酸的水样硝基苯去除率为 85%。

（10）在存在腐植酸的本底中，要获得更好的硝基苯去除效果可以通过增加 $H_2O_2$ 投加量来获得。在本底有机物浓度较高的条件下，TOC 为 7.983 mg/L，$H_2O_2$ 投加量为 20 mg/L 时，硝基苯去除率仅达到 50%。当 $H_2O_2$ 投加量增加到 60 mg/L 时，反应 24 min 后，硝基苯去除率提高至 85%，和无腐植酸存在时 $H_2O_2$ 投加量为 20 mg/L 的降解效果相同。

（11）$HCO_3^-$对硝基苯的氧化降解有一定的促进作用。当硝基苯初始浓度为 300 μg/L 和 $H_2O_2$ 投加量为 20 mg/L 时，微波 300W 辐射 4 min 后，当向体系中加入 $HCO_3^-$200 mg/L 后，硝基苯去除率增加到了 70%，而没有 $HCO_3^-$加入时微波-$H_2O_2$ 体系可去除硝基苯仅为 57%。

（12）自来水本底条件下硝基苯的降解速率明显好于蒸馏水条件下的。当硝基苯初始浓度为 300 μg/L，$H_2O_2$ 投加量为 20 mg/L，反应时间为 4 min 时，微波-$H_2O_2$ 体系在蒸馏水本底条件下对水中硝基苯的去除率只有 57%，而自来水本底条件下却使水中硝基苯的去除率达到 65%，两者相差 8%。

（13）自由基抑制剂叔丁醇的加入对微波-$H_2O_2$ 体系氧化降解硝基苯具有明显的抑制作用，可推测出在微波-$H_2O_2$ 体系降解硝基苯的实验中·OH 是主要的氧化反应的活性物质。

（14）从 GC-MS 分析和 NIST 谱库检索结果表明，氧化降解中间产物的有机物主要为含苯环的硝基苯酚类化合物，如邻间对硝基苯酚、硝基邻苯二酚和羟基硝基苯等，以及开环的羧酸类化合物如丁二酸、羟基丁酸和顺丁烯二酸等。

（15）分析硝基苯可能氧化降解途径得出，·OH 易于攻击硝基苯上的苯环，而产生硝基苯酚类化合物。在·OH 的攻击下形成几种酚类物质，这些酚类物质再发生类似的反应形成多羟基物质，然后再在·OH 的作用下使芳香环开环断裂形成小分子醛（酮）或羧酸，最终彻底降解为 $CO_2$ 和 $H_2O$。

（16）通过摇瓶小试验进行了氢自养微生物对对氯硝基苯还原的可行性研究。

在有氢气作为电子供体和目标底物（对氯苯硝基苯）作为电子受体时，具有活性的氢自养微生物能将对氯硝基苯还原转化成低毒或无毒的产物。中间及最终产物的动态监测结果表明，对氯硝基苯逐步还原生成对氯苯胺和苯胺。

（17）研究了对氯硝基苯生物还原过程中各种因素的影响。氢自养微生物还原对氯硝基苯受到氢分压、硝酸盐氮（$NO_3^-$-N）浓度、硫酸盐（$SO_4^{2-}$）浓度、目标底物浓度和 pH 的影响：氢分压越高，即提供的电子供体数量相对增加，在反应体系中氢气利用限制水平降低，导致对氯硝基苯去除效率增大；进水 $NO_3^-$-N 浓度、$SO_4^{2-}$浓度均对对氯硝基苯还原产生电子供体的竞争作用，而且高浓度 $NO_3^-$-N 和 $SO_4^{2-}$条件下反硝化及硫酸盐还原中间产物对微生物酶活性有毒性抑制；对氯硝基苯浓度过高时会影响还原速率，从而降低其去除率；对氯硝基苯还原对 pH 较为敏感，总体上看，应尽量控制 pH 在 7.0～8.0。

（18）在氢基质生物膜反应器（MBfR）进水中添加 $NO_3^-$-N（5 mgN/L）对初始形成的少量生物膜进行驯化，经过一段时间的连续运行，肉眼观察到纤维膜表面的黄褐色生物聚集体越来越多，此时反应器对 $NO_3^-$-N 的去除达到稳定（出水 $NO_3^-$-N 浓度未检出），被认为生物膜已经成熟。挂膜后，进水中投加不同浓度的对氯硝基苯，出水监测结果表明，MBfR 系统中的氢自养微生物能对对氯硝基苯生物还原，对氯硝基苯生物转化的第一步是硝基的完全还原产生中间产物对氯苯胺，随后对氯苯胺发生还原脱氯作用生成最终产物苯胺。通过微生物的逐步还原达到对氯硝基苯降解或毒性降低的目的。

（19）MBfR 对对氯硝基苯有较大的去除潜力，当进水对氯硝基苯浓度为 500 μg/L 和 2 000 μg/L 时，均有较高的去除率和去除通量，其中稳定阶段的去除率和去除通量最高达到 96.9%和 0.056g/（$m^2 \cdot d$）。

（20）MBfR 进水中共存的 $NO_3^-$-N 和 $SO_4^{2-}$对对氯硝基苯生物还原产生抑制效应。反硝化和 $SO_4^{2-}$还原消耗更多的氢气导致对对氯硝基苯还原产生电子供体的竞争性抑制。此外，反硝化和 $SO_4^{2-}$还原产物对还原脱氯微生物有毒性，继而抑制对氯苯胺脱氯生成苯胺的过程。